软装设计教程

腔调软装 张飞燕 编著

北京希望电子出版社
Beijing Hope Electronic Press
www.bhp.com.cn

内容简介

本书分为七章，按照软装项目从设计到呈现效果的整个流程进行划分，以实际工作环节为线，从软装项目的种类与设计入手，到与客户沟通软装方案的设计并拟定合同，再到软装产品清单的制作与物料的选择，以及产品的下单、验收，直到最后实际的摆场和调场。本书配合软装基础知识的学习，围绕实际的操作流程，将每个工作环节分析到位，内容专业、可操作性强。此外，书中还附有软装设计案例赏析，帮助读者进一步掌握软装搭配技巧。

图书在版编目（CIP）数据

软装设计教程 / 腔调软装，张飞燕编著 . -- 北京：北京希望电子出版社，2020.10
ISBN 978-7-83002-775-9

Ⅰ . ①软… Ⅱ . ①腔… ②张… Ⅲ . ①室内装饰设计—教材 Ⅳ . ① TU238.2

中国版本图书馆 CIP 数据核字 (2020) 第 192772 号

出版：北京希望电子出版社
地址：北京市海淀区中关村大街 22 号
中科大厦 A 座 10 层
邮编：100190
网址：www.bhp.com.cn
电话：010-82626261
传真：010-62543892
经销：各地新华书店

封面：骁毅文化
编辑：全　卫
校对：石文涛
开本：787mm × 1092mm　1/16
印张：16.5
字数：338 千字
印刷：艺堂印刷（天津）有限公司
版次：2021 年 1 月 1 版 1 次印刷

定价：298.00 元

前言 PREFACE

软装设计涉及到生活的方方面面，小到产品款型、纹样、质地的搭配选择，大到空间、文化、历史、品位的追根溯源，再进一步可以延伸到美学、哲学等领域。当然，所有这一切都离不开产品本身。从业多年，我们一直在思考，设计师了解软装之后，该如何更好地将软装知识运用到实际工作当中去？该如何更好地呈现软装落地效果？落地过程中哪些是容易被忽略的问题？软装过程中又有哪些规律是可以被掌握的？

作为软装设计师来说，在掌握了全面的理论知识，如能够清晰辨别软装设计的各种风格、了解家具发展史、领会色彩对软装的重要性、学习布艺常识等之后，更为重要的是要具备项目把控和落地的能力，以及很好地与客户进行沟通。

本书以实际工作流程为主线，先从软装项目的种类与设计入手，再逐步深入讲解客户沟通、合同拟定、清单制作、物料选择、产品下单、摆场调场等实用性内容，并在最后配有软装设计案例赏析，帮助读者“从不知道软装到了解软装，再从了解软装到做软装”，真正做到“细节见真知，实力看落地”。

由于所涉及的知识及资料繁多，虽然经过漫长的收集、整理过程，但书中内容仍有改进提高之处，恳请读者多多指正。另外，为了方便读者更好地学习软装知识，更快速地将软装落地，本书额外赠送了与软装工作相关的大礼包资源，读者可扫描封底二维码下载获取。

本书由腔调软装张飞燕编著，郭亮、黄小宝、吴昊、陈兰、袁浪、刘真、陈慧敏、蔡爱平参与整理工作。

编著者

目录

CONTENTS

第一章 软装项目的认知与区别

第二章 软装方案设计及沟通

第三章 软装项目的报价与合同签订

第四章 软装产品清单及物料板

第五章
产品下单、验收

第六章
软装摆场、陈列与调场

第七章
软装设计案例

第一章

软装项目的认知与区别

与硬装设计一样，软装设计分为家装项目和工装项目。也可以说，在软装设计中，家装设计与工装设计的区别更明显。从项目背景、人群定位、客户需求、消费习惯、空间环境到方案的设计、产品的选择、材质的使用、色彩的搭配以及生活方式的营造都大有不同。本章将对六大代表性项目进行深入分析，帮助设计师在面对不同项目、不同客户时，能够得心应手、有的放矢地设计软装方案。

一、私宅项目

私宅项目包括公寓、平层、复式、别墅等。私宅代表私人化，展现居住者气质，反映居住者的兴趣爱好、阅历、品味，其特点是没有特定的人群、年龄、兴趣爱好以及生活习惯，不同客户其需求也各有不同。

私宅项目开展时，应从以下五点入手：

▲ 私宅项目的设计灵活，应遵循客户需求

要点 1　了解客户软装需求

项目正式开始时，首先需要明确工作，把控主动权，积极为客户提供专业的空间解决方案。在具体工作过程中，常会遇到如下问题：有些客户家中的家具、灯具基本到位成型，仅缺少一些窗帘布艺和装饰挂画、饰品等，这时就需要设计师考虑如下问题：

目前项目中存在哪些主要问题需要马上解决？

通过布艺和饰品的搭配设计之后，问题能否得到解决？整体效果能得到多大的改善？

本着对客户、对项目负责的态度，要大胆指出空间现有问题，并根据客户预算为其作合理的资金规划，凭借自身的专业技能实实在在地解决客户的问题，呈现空间的最终效果。

要点 2　沟通并初步确定风格意向

在开始设计方案前，必须和客户进行有效沟通。

步骤

（1）沟通项目地址： 当客户说出所在楼盘时，要快速明确客户的基本人群定位。

备注：这里就需要设计师对当地所有楼盘有一个详细了解，楼盘所在的商圈、售价、周边配套及消费水准都会直接显现出该客户的定位。

（2）沟通客户的空间需求： 了解项目的面积、楼层、户型、朝向；了解客户是整体软装规划，还是部分产品需求规划。

备注：对一个空间的了解是进行设计的首要条件，户型面积限定了产品数量及尺寸，而楼层朝向决定了空间的光感，光感决定了空间质感。

（3）沟通客户的功能需求： 了解客户家中的常住人口、生活习惯、风格倾向、居住者喜好等，以便进行氛围的营造。初步沟通完成之后，需要进一步进行明确的意向风格定位。

部分客户在软装设计开始之前，已经做过功课，对风格有一定程度的了解，能够清楚地表达自己想要的风格，并对自己的居住环境有一个清晰的空间规划和设计计划。面对这类客户，要快速捕捉需求，设计出符合客户期望的富于美感的空间。

还有一部分客户并不太清楚自己想要什么，此时，就需要进行耐心地深入沟通。首先，可以搜集几套户型类似、风格不同的案例与其进行探讨，或者请客户提供一些喜欢的案例图片，与之进行交流，通过这些图片，分析客户是喜欢整体调性，还是色彩感觉，或者是某件产品。当意向风格初步明确之后，在方案的实施当中，就能够更明确地把握好方向。

其中，风格确定是软装方案的重中之重，如今很多设计大师都提倡去风格化，风格的概念应该模糊化。理论上这个观点并无不妥，风格本来就不应该被框死，但这里所探讨的风格是狭义的，指具体表现手法与具体元素。从广义上来讲，风格是确定客户想要什么不想要什么的一个判断标准，可以指导直接、有效地开展后续工作。

按主流风格准备参考图片

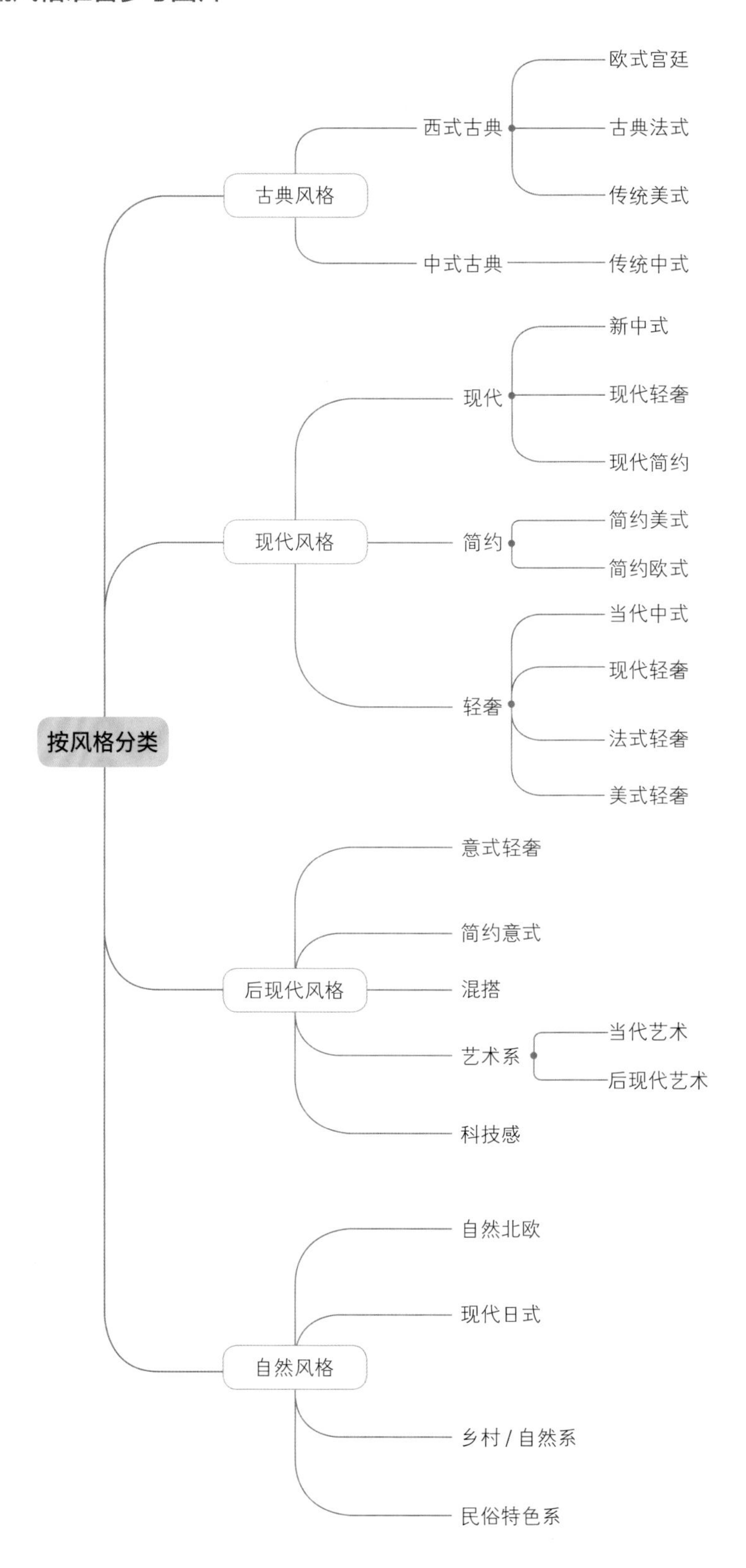

欧式宫廷

特征：雕花、拱门、水晶灯、水波窗幔、繁复线条等。

色彩：白色、金色为主。

古典法式

特征：法式雕花石膏、特有图案、浪漫优雅的线条。

色彩：白色、法式蓝为主。

传统美式

特征：大马士革纹、佩里兹纹、深色实木雕花、厚重、传统。

色彩：红棕色为主。

传统中式

特征：窗花、花格、深色的木材及雕花，家具圆润、四平八稳。

色彩：以深木色和留白为主。

新中式

特征：提取中式的意境元素，如山、水、云、石。

色彩：帝王金、朱红色、墨黑、水墨蓝。

现代轻奢

特征：皮革、大理石、金属黄铜材质为主，线条简洁、利落。

色彩：灰色、米色为主，再点缀以其他色彩，如祖母绿、经典橙等。

现代简约

特征：线条干净清晰、家具款式现代简约。
色彩：白色 + 黑色为主。

简约美式

特征：简化石膏线条，保留水晶扣、铆钉元素。
色彩：白色为主。

简约欧式

特征：简化石膏线条及各种繁复的雕花。
色彩：以白色为主。

当代中式

特征：无限弱化中式元素，仅保留少量中式意境元素。
色彩：青烟色为主。

法式轻奢

特征：保留法式的优美曲线、少量黄铜元素、空间以简化的石膏线为主。
色彩：以白色、法式蓝为主。

美式轻奢

特征：保留少量石膏线条及美式元素，融入更多黄铜材质。
色彩：以白色加其他色为主。

意式轻奢

特征：古典的石膏元素、后现代家具设计感、融合黄铜镜面等材质。
色彩：以高级灰加其他色为主。

简约意式

特征：线条简约，家具保留意式的稳重及厚重感。
色彩：常以灰色为底色，搭配多元的点缀色。

混搭

特征：将不同元素材质融合在一起，营造特别的美感。

色彩：从古典到现代，选择较多元化。

当代艺术

特征：融合现代简约与粗犷的气质。

色彩：以白色和现代灰为主。

后现代艺术

特征：以图案、创造、解构、重组在同一个空间中带来趣味与审美。

色彩：迎合年轻人审美口味，选择较多元化。

科技感

特征：以大面积的亮面及科技感材质为主，如黄铜、金属、大理石、玻璃等。

色彩：明亮色为主。

自然北欧

特征：以布艺、藤编、实木、针织等材质带来自然的舒适感，常加以绿植点缀。

色彩：以白色为主，辅之自然绿色。

现代日式

特征：材质上以原木、宣纸、布艺营造日式文化，注重留白与日式侘寂思想。

色彩：白色 + 原木色为主。

乡村 / 自然系

特征：将有意义的单品有规划地组织在一个空间里，气质较朴素、念旧、随意。

色彩：原木色、自然绿。

民俗特色系

特征：取材于当地建筑、文化、色彩、原材打造的空间，比较有地域特色。

色彩：以当地主流色彩为主。

要点 3　产品品牌成品或品牌定制化

私宅项目的产品由两部分组成，品牌成品或者品牌定制化，主要体现在家具和灯具上。在深化方案前，应对客户的大致预算有所了解或估算，再根据客户的整体预算来规划是全房品牌成品、部分品牌成品加上部分品牌定制化或者全房品牌定制，这三种落地方式都有其各自的优缺点。

三种落地方式的优缺点分析

落地方式	优点	缺点	适合人群
全房品牌成品	在品质上能得到很好的保障，可提供完善的产品售后服务	设计感难免单一，可以通过其他产品的搭配，使空间尽量丰满并具备美感	预算充裕且注重品质的客户，一般为别墅、豪宅的居住者
部分品牌产品＋部分定制产品	能弥补全房品牌成品设计单一的不足	正品品牌和定制品牌在一个空间内，难免出现材质、工艺、色彩上的差异	适合追求品牌品质而预算有限的客户，一般为大平层的居住者
全房品牌定制	可以在同一风格内最大限度地选择产品来进行搭配设计	因是定制，小厂家的工艺、人员、设备不一定能很好地达到品质要求，大厂家价格略高、工期较长	适合追求品牌品质而预算有限的客户，一般为精装平层的居住者

品牌成品

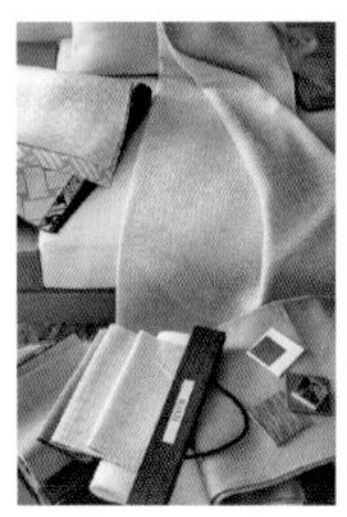

▲ 是从选择考究的材质面料，到精致加工，再到成品的过程

品牌定制化（品牌产品复刻）

▲ 从选择相似的材质面料，到做工尽量一样，是款式、形状、比例求相似的过程

2 样板间和售楼部的软装设计差异

样板间体现家的梦想、家的美好，售楼中心则体现该楼盘定位、开发商的品味、物业的服务级别等。样板间是里子，售楼中心是脸面，也是整个楼盘的形象。样板间和售楼部的相同之处是根据地产商的需求，围绕项目本身开展的美化和装饰性的商业行为，但具体深入到软装环节，两者存在较大的差异。

①样板间软装设计

样板间的软装设计也叫软装企划，有明显的风格主题、色彩搭配、人物模拟生活场景等，以展示促销为目的，侧重第一眼视觉效果，透过样板房让购房者感受到一种良好的居家氛围，一种使人倍感舒适的生活方式。通过置业顾问对生活场景进行详细、有条理的解说，使参观者易于沉浸到当下的环境中，身临其境地感受丰富、有层次的空间环境，并能臆想诗意的未来生活。

▲ 利用色彩、元素及配饰营造层次丰富的空间氛围

大部分样板间的软装设计在地产商确定硬装和基本格调之后进行，软装设计师根据地产商提供的硬装效果图及施工图来进行软装方案深化以及产品落地。在格调保持基本不变的情况下，软装设计通过专业技术，利用色彩、元素及配饰把空间氛围场景营造得更为层次丰富，在视觉心理上达到地产商期望的销售目的。

样板间的家具、灯具、地毯、挂画等产品多以定制为主，深化方案确认完成之后，需要对现场进行细致测量拍照，并将软装报价清单发至厂家询价。清单内容含区域、图片、数量、材质、尺寸比例，以及根据厂家提供的面料、油漆色板、五金配件等进行选样。

在样板间产品进行定制时，尤其需要注意的是家具以及灯具的尺寸比例把控以及色板选择。为了使样板空间视觉上看上去大气、舒适，往往会将家具产品进行一定比例的缩小，同时放大地毯比例。样板间的饰品根据整体格局，以及生活场景来搭配采买，饰品选择上注重精致美观，在预算充裕的情况下，可多用饰品充满空间。

②售楼部的软装设计

售楼部软装设计的着重点以促进销售为主，方案需结合当地人文环境、项目背景、楼盘定位展开，营造的是视觉感饱满、定位精准，同时兼具人文气质的空间氛围。

售楼部的软装目的旨在提升大众视觉感受及心理预期，并且销售动线清晰、设计主题明确、色彩层次柔和不张扬；产品上，家具款型简单、大方、经典，讲究舒适，比例协调；氛围灯光以大气设计感强的沙盘灯为主，局部加上壁灯、地灯、台灯，丰富空间光源层次；布艺上多用稍显档次的绒面、缎面；饰品摆件少而精，尽量摒弃零散、细碎，在色彩上保持连贯性，符合风格及人文背景环境。

作为商业空间，售楼部的销售动线在空间设计中极为重要。销售动线即让顾客从进入售楼部开始便自行或被引导着根据无形的客流线走，使顾客能充分地对楼盘进行了解，促成购买行为。而软装设计也将根据动线的规划做主次设计，在主要的空间，如接待区、沙盘区、深度洽谈区着重进行软装氛围营造。为了让顾客停留的时间更为长久，水吧的配备、沙发的坐感、灯光的美观舒适等都是软装要进行深度考虑的地方。总而言之，售楼部的软装设计就是一次客户对楼盘的体验旅程，这种体验感越好，成交的几率越大。

▲ 水晶灯饰营造出恢弘大气、明亮的视觉氛围，装饰画的点缀则使空间更具意蕴

▲ 洽谈区沙发款式简单、经典；过道处的金色组合雕塑与硬装的钛金色线条呼应，形成一个简约精致的轻奢空间

四、办公空间

随着大众审美水平的提高，年轻一代个性的释放让办公空间有了更自由、多元化的表现，千篇一律格局的办公室已经逐渐被淘汰。不同行业的办公群体对空间也有着不同的需求。996 们加班的时间越来越长，这也意味办公空间更多地向人性化靠近，而不再单一的只是作为工作场所存在。

在进行办公空间的软装设计时，首先需要考虑公司的行业属性及文化背景，再结合空间的整体统一性进行色彩、产品的搭配，在有限的空间内，打造现代上班族除住宅以外的另一个主要活动场所。另外，不同的办公空间类型决定了软装设计的走向，通常来说办公空间大体分为两种，即常规型和创意型，还有一种是属于共享办公范畴的办公空间。

1 常规型办公空间软装设计

常规型办公空间有大小之分。小型办公空间基本由办公区、会议区、走廊、VIP 室、休闲区、水吧区、私密办公室等几大区域组成；大型办公室会根据需求增加阅读区、健身区等公共区域。

办公空间属于共同使用空间，在软装设计上除了考虑公司文化需求外，应尽量保持简洁、明亮、大气的调性。另外，常规型办公空间以家具产品为主体，家具选择简单大方实用的经典款式，色彩上可根据需求进行搭配；灯具上在办公区以照明实用为主，其他区域可根据整体设计进行考虑；布艺选择上不宜过于花哨，挂画与饰品、花艺绿植尽可能少选择，为增添氛围适当点缀即可。

▲ 整体空间明亮、简洁，一袭拼色地毯则使办公区域瞬间出彩

▲ 硬装设计偏线条感，搭配的灯饰简洁，其间满铺的几何地毯为空间更添现代感

2 创意型办公空间软装设计

突出创意，注重灵活舒适办公，不局限风格和场所。这种办公空间大多针对创意型、文化型公司，能有效激发员工的灵感和创作热情。异形、色彩丰富的家具活动调度性大，个性十足的灯具除了照明之外同时具备强烈的装饰感，独特而有冲击力的墙面装饰为员工带来满满活力，精致的饰品摆件、艺术品陈设也能成为创意的灵感源泉。

▲ 别具一格的造型和色彩使用，令办公空间充满创意

3 共享办公空间软装设计

共享办公空间通常由很多小型的公司集中在一起办公，或者独立个人办公，共用会议室、水吧区、洽谈区、打印区，共享办公资源与客户资源。因此对于此类设计，要么设计得大胆前卫，要么设计得中规中矩。

▲ 常规型共享办公空间

▲ 创意型共享办公空间

五、商业空间

商业空间是主要从事商业活动的空间形态，是满足消费者消费、视觉、心理、精神需要的空间场所。商业空间的对象种类较多，根据不同空间的针对性、目的性、活动形态的不同，在软装设计的需求上也大为不同。但万变不离其宗，看似种类繁多的商业空间在软装需求本质上有着许多相同的诉求。

扩展知识

商业空间常见类型：

以交流展示为主：体验空间、展馆等；

以消费娱乐为主：购物中心、娱乐厅、酒吧、KTV 等；

以基本需求为主：餐厅、酒店、专卖店等；

其他商业空间：影院、水疗、健身房、卖场、美容院等。

1 软装设计一切皆为用户考虑

商业空间的软装设计讲求实用性，即空间属性，需要先满足消费者的功能需求。比如餐厅的软装设计，餐桌尺寸、餐椅高度、光源的亮度、餐具的长短和大小等都是需要设计师去细细考究的实用需求。酒店也是如此，从休闲区的家具尺寸、舒适感、款式，到客房的睡床大小、床垫的软硬程度，材质是否匹配，光源的照明、色温，窗帘的厚度、款式等都属于软装设计的实用范畴。

▲ 硬装穿纵的木线条使健身房具有动感；软装点缀的落地绿植与吊顶的圆形相呼应

▲ 选用橙色的餐椅呼应吊顶配色，使人在用餐时更有食欲

▲ 白色和蓝色的使用使空间干净、简洁，也凸现了公司定位

2 软装设计应符合商业审美

基于互联网的普及，国际视野的开拓，年轻一代的审美水平普遍有了显著提高，当然这也少不了设计师身体力行（品牌美学、版式设计、服装潮流、影视场景、生活艺术）的推广与应用。在商业空间设计里，美学成了必不可少的要素。在现代，对于商业空间而言，审美力就意味着商业竞争力。

3 软装设计应尊重地域文化性

地域文化经过长期的沉淀自成特色，国家、种族、地区不同，各自的宗教信仰、喜好禁忌、风土人情、文化历史也就不同。在商业空间设计里，地域文化因素在软装设计中显得尤为重要。开展项目时，首先遵循商业空间的实用性和商业审美，在这两个基础上进行地域文化深挖，将最具当地特点的元素提取、分析并加以提炼，形成具备当地历史特色的表现形式。地域文化具体到软装的表现手法上主要通过材质、色彩、符号等进行表现。

4 商业空间的软装设计逻辑

一切商业行为的目的都是提高成交率并盈利。因此商业空间的软装设计的出发点应简单明确，即如何吸引客户进店，进店后动线如何设计引导客户逛完全店，如何停留，如何激发用户浏览商品的欲望，从而进行产品购买。

实例一：

一家售卖女性小首饰的店铺，当客人有兴趣并试戴一款耳环时，发现镜子前需要挪步才能走到，而且货柜有些阻碍不太方便走动，因此很容易导致客人放下手中的耳环，离店而去。而若在设计之初，在摆放首饰的陈列柜上按人体比例安装一面镜子，当客人拿起耳环时，直接就可以在镜子中看到佩戴效果，降低了试戴门槛，从而提升了购买率。

实例二：

在服装店铺重点陈列的服装旁边必定配有包包、鞋子等配套商品。此时的软装设计思维逻辑是，如何让主商品产生连带作用，带动配套商品的销售。因此商业空间的软装设计，是基于人的行为习惯、人的动线习惯与人的消费心理来反向引导的设计。

商业空间软装审美评定标准：

所谓商业审美，就是利用专业技法，思考商业功能、定位及目的，将物、光、色有机地展现在同一空间中，以下几点缺一不可：

√总体视觉舒服

√有艺术感

√光源氛围营造饱满

√色彩搭配得当

5 商业空间的软装设计应具有时效性

商业空间的软装并不像家庭空间、样板房一样一成不变，商业空间软装设计需要跟随商品季节性出新而变化。需要提前做好软装设计规划，定期进行软装道具更换与布置。

▶ 蛋糕店会在情人节期间，悬挂与爱情相关的装饰物，用以凸显节日氛围

不同商业空间的软装诉求精分

商业空间类型	软装设计诉求
餐饮行业 / 快餐店	目的是提高翻台率，且餐饮空间需要用醒目的入口处设计吸引客户进店。不同类型的餐饮店，根据不同的用户群体来定位风格。正餐店铺通常比较沉稳，奶茶店铺通常比较小清新。不同地域风味的餐饮，根据自身特色确定色彩、风格、文化定位
清吧	目的是留住客户，希望客户停留时间长一些
理发店	通过设计，让消费者站在门口就觉得这是一家可以信任的发型店
眼镜店	需要表达专业、可信赖、显时尚的软装设计
茶馆	需要展现中国传统的茶文化
快时尚服装店	需要传递时尚、货多、款多、可选择范围大、便宜的特点
高端服装店	需要表现尊贵、高品质、轻松的氛围，吸引消费者进店
便利店	设计时更多地考虑人的行为习惯，多角度铺货
超市	主推商品需要制造小氛围场景刺激购买

六、文创空间

在众多商业空间的类别里，之所以把文创空间单独列出来，是因为不管个人，还是行业，或是社会都需要进步，一切进步都离不开创新。

“文创”字面意思指文化与创新的意识。艺术的创新经过了几十个世纪，从古希腊、古埃及到古典主义，从印象主义、立体主义到现代主义，每一次的创新都推动了艺术的浪潮往前一步。而软装设计作为美学艺术行业更应如此。

文创空间的软装设计最重要的就是“文创”二字。要想不同于其他空间，走在设计前沿，就要从固有、守旧、常规的模仿中跳脱出来，进行质地、产品、款式、图案样式等的创新。当然，创造新事物有一个前提：需要对专业知识和相关产品十分熟悉，以及对行业趋势走向有敏锐的洞察力。实际上在一个创意空间中，设计并没有标准答案，而拥有创新思维意识比懂得设计方法更重要。

▲ 左边休闲椅凳，右边以绿色的 PVC 管做装置，沿着过道排开形成室内的一条林荫小道，形成一个简约、清新、创意的区域

▲ 将彩虹引入室内，3D 喷绘画满幅浮在吊顶，形成一个五颜六色、色彩斑斓、热闹缤纷的创意空间氛围

第二章

软装方案设计及沟通

软装方案设计一直被初入行的新手设计师认为是重中之重。一个好的设计方案确实能给整体流程加分不少，但方案表现仅是软装设计中的一个环节，会做方案和做好方案是完全不同的两个概念。本章将讲述从软装沟通开始到如何做好方案，从如何提取软装灵感到软装方案的深化以及方案如何汇报的全过程。不要急于开始一个软装方案，动手之前先做好前期设计需求沟通。

一、软装设计方案初次沟通

1 不同渠道来源客户的沟通方法

在软装设计方案初次沟通之前，明确客户的渠道来源十分必要。一般情况下，来源渠道大致分为三种：渠道介绍、线上 / 广告和上门客户。根据不同的来源渠道，采取的沟通方法也有所不同。

① 渠道介绍

这类客户一般通过身边的朋友、一些老客户、认识的硬装设计师以及上下游的同行介绍，在渠道来源上的占比较大。沟通时应先分析需求人与介绍人的关系，以及向介绍人了解项目的基本情况，如项目位置、面积、初步需求等。最好等需求人主动联系，掌握更大的主动权；若需求方没有反应，则再主动联系。

这类渠道的客户转化率大概在 40% ~ 70%，取决于需求人与介绍人的关系亲密程度，或对介绍人的信任程度，若介绍人恰好是需求人的上司，则这个项目大概率成交。但大多数情况是，介绍人并不清楚项目具体情况，只是直接介绍需求人，这就需要在没有碰面之前，想办法获取需求人的好感，建立沟通关系，实现现场约见、考察和进一步的需求沟通。

一般来说，可以根据与需求人的对话判断其性格，尽量以轻松、愉快的方式围绕项目情况作大致了解，并使其提供项目相关信息，如现场图片、图纸、风格倾向等，同时也要不失时机地展现专业程度，以获取好感和信任感。

② 线上 / 广告

这类客户一般没有相关的软装设计渠道，或不希望通过朋友介绍。需求人通过网上了解软装公司排名、公司介绍、作品展示，这类群体有很大一部分是抱着大海捞针的心态，一般会找两至三家公司进行沟通与对比。

这类客户的需求侧重点在于性价比、服务对比、沟通顺畅度、需求匹配度以及专业度，如果满足以上 4 点，转化率大概能达到 60% 左右。

③ 上门客户

这类客户基本是慕名而来，通过公司 / 个人案例以及公司在行业内的影响力尝试合作沟通。他们一般对公司作品较为熟悉并已认可，在商谈合作之前会对自身的设计需求、设计方向和资金做一个初步筹划。所以，面对这样的客户只需要对项目需求作进一步沟通、明确方向、交流顺畅，大致就能搞定。

2 软装项目初次沟通的内容

① 了解项目基本内容

内容方向	具体内容	补充说明
项目基本信息	位置、面积、设计内容等	★私宅需要了解家庭成员组成及颜色喜好、家庭成员对自己的空间软装有什么特殊功能需求等 ★商业空间需要了解甲方的施工周期、施工时间、开业时间、付款方式等
项目基本资料	施工图、效果图、现场图片等	★商业空间的品牌资料补充、邀标文件等
项目初步方向	风格、喜好、大概预算等	★业主有没有特别的喜好和禁忌，比如空间中不能放置人形或尖锐饰品摆件，在做方案时需要点位等

② 现场实地勘测

步骤

（1）对现场的周边环境、楼层高度、电梯空间、现场采光、施工进度进行勘察和测算。

（2）对室内单独空间的长宽高总尺寸，现场预留灯线的位置、数量和尺寸，窗户的宽度/高度，窗台的高度/深度，门宽，特殊定制类墙面的尺寸，硬包/软装造型区尺寸，每个插座的现场尺寸和高度，层架/柜子隔层的数量、高度、宽度、深度等进行测量。

（3）按进门方向顺时钟分成两步拍照留档：一是对大空间每个面拍照，二是对细节局部拍照。

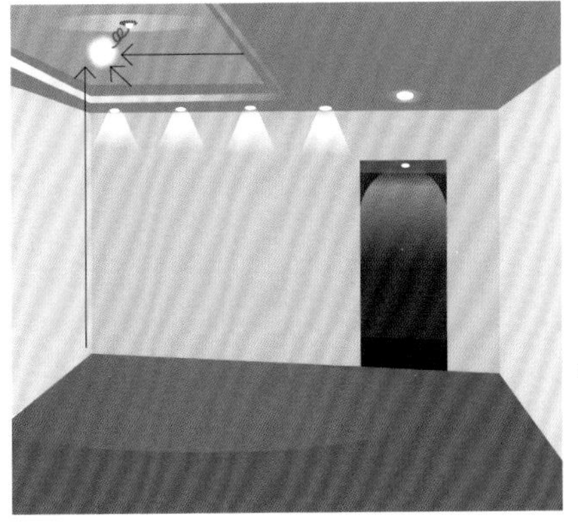

▲灯线量尺

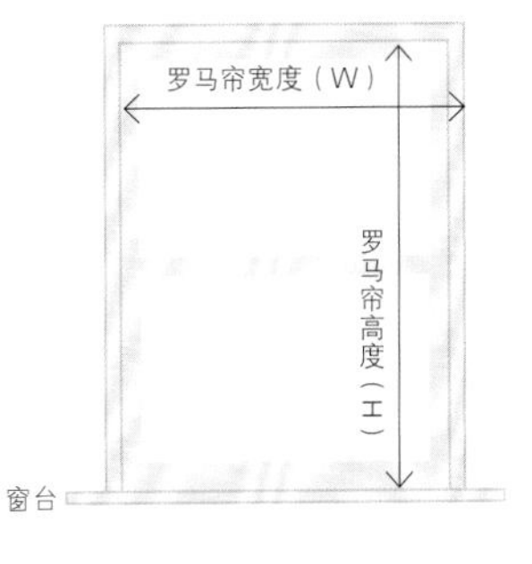

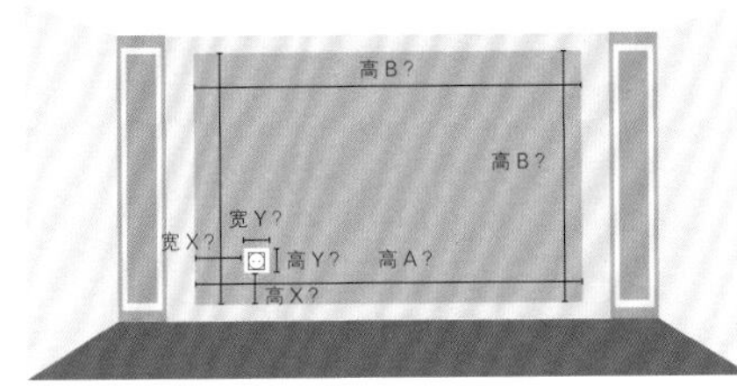

▲软/硬包及插座量尺

▲层架数量、深、高、宽量尺

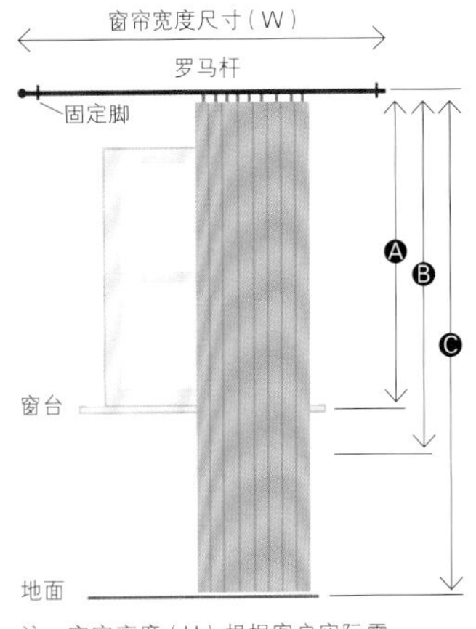

▲窗帘/罗马帘量尺

3 沟通整体软装设计的初步资金规划

资金预算决定了整个项目的基本定位是高端、中端还是低端。客户都有一个共同心理，期望用低预算来达到最好的预期效果，大部分客户在谈到预算时都显得有所保留，不愿意直接沟通。这个时候设计师的经验就显得尤为重要，沟通上可以从以下几个方面进行：

首先，要跟客户明确说明整体造价决定了产品所用的品牌、产品材质、质量和工艺，而这些因素都影响和决定着最终效果。

其次，对项目所在地进行分析，项目所处地段在一定程度上代表了一大部分客户的生活水平及状态。

再者，可以尝试跟客户沟通有没有个人喜欢或中意的品牌，逛过哪些家居卖场或者在硬装上面的资金花费等。

然后，通过项目所处地的其他案例作品论证加强专业体现。

最后，再次说明了解预算只是便于帮助客户更好地进行整体产品规划，以达到整个项目最终的落地效果呈现。

总之，引导客户说出心理预算是非常重要的一点，即便最后客户没有明确告知预算，在沟通的过程当中，作为设计师也需要对项目做一个大致资金范围评判（一般样板间和售楼部在标书中都有明确的含采购整包 m2 价格）。

了解客户的资金预算可以便于在方案中快速找到产品定位，以及清单报价的产品价格配比。在住宅项目中，家具：布艺：灯具：画品：花艺绿植：壁纸：饰品的占比是 60：10：10：5：5：5：5；在商业项目中，家具：布艺：灯具：画品：花艺绿植：壁纸：饰品的占比是 50：20：15：5：3：2：5（不含样板间，样板间的饰品配比相对较高）。

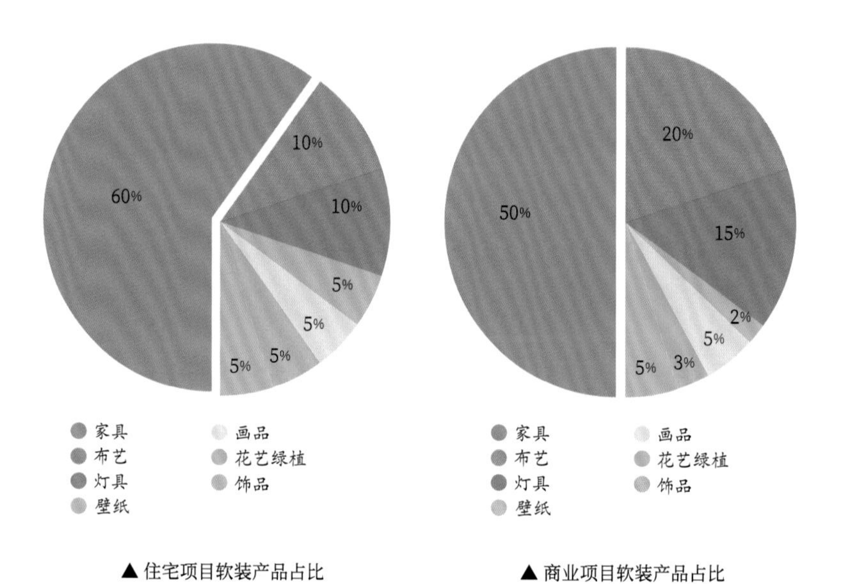

▲ 住宅项目软装产品占比

▲ 商业项目软装产品占比

二、软装概念方案的灵感提取

在进入到软装概念设计方案这个阶段时，不少设计师探讨过这个话题“软装概念方案是否有必要？”实际上，认真的创作不可避免会涉及到进行概念分析，一个成熟的设计师在做方案之前，会有一个明确的主导思想，要达到什么效果，体现什么风格，突出什么元素特征等，然后再将概念思路进行概括、浓缩、总结，并将思考结果理性、美观地表达出来。

1 软装概念方案灵感提取的方式

可以通过两种方式来进行概念方案灵感的提取：由点到线再到面，或者将点线面反置，也就是从面到线再到点，这是比较常用的手法。其中的“面”指项目的风格定位；“线”则需要软装设计师通过经验以及视角去寻找各种“线”索，对风格氛围加以强化。常见的线索有色彩线、主题线、手法线和元素线；“点”是指对风格的深入细节考究，进行材质、纹样、器物、款式、质地等的分析选择。经过这一系列的提取过程，概念方案的大体方向就有了。

例如： 一个项目确定了是新中式风格，这个项目的“面”就形成了。形成中式风格的色彩线有：钛白、藤黄、曙红、花青、酞青蓝、墨黑等；主题线有：民俗、写意、禅境、古韵等；手法线有：对称、借景、框景、虚实等；元素线有：祥云、花格、花鸟、山水等。而使用在中式风格中的材质包括青砖、竹木等，回字纹、冰裂纹等中式纹样则能很好凸显中式特征。

营造新中式风格的“线索”

色彩线

钛白 　藤黄 　曙红 　花青

酞青蓝 　墨黑

主题线

民俗 　写意 　禅境 　古韵

手法线

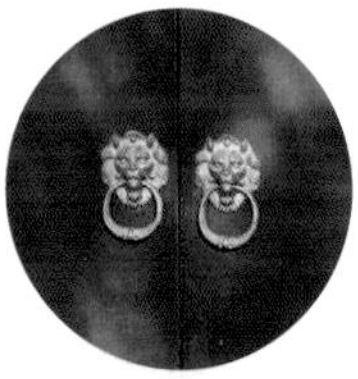

对称 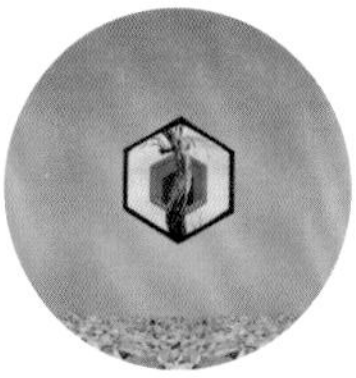　借景 　框景 　虚实

元素线

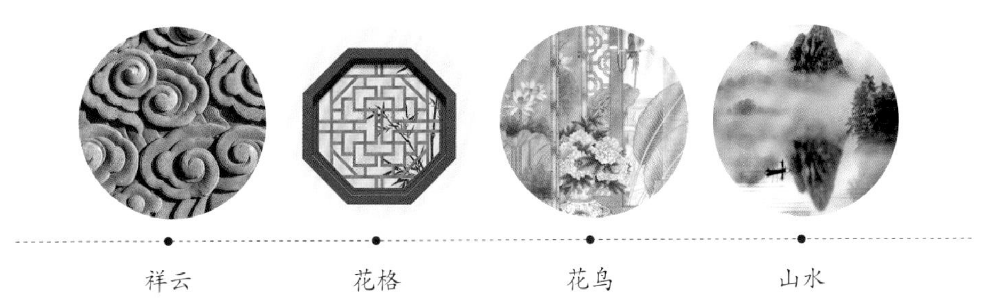

营造中式风格的“点”

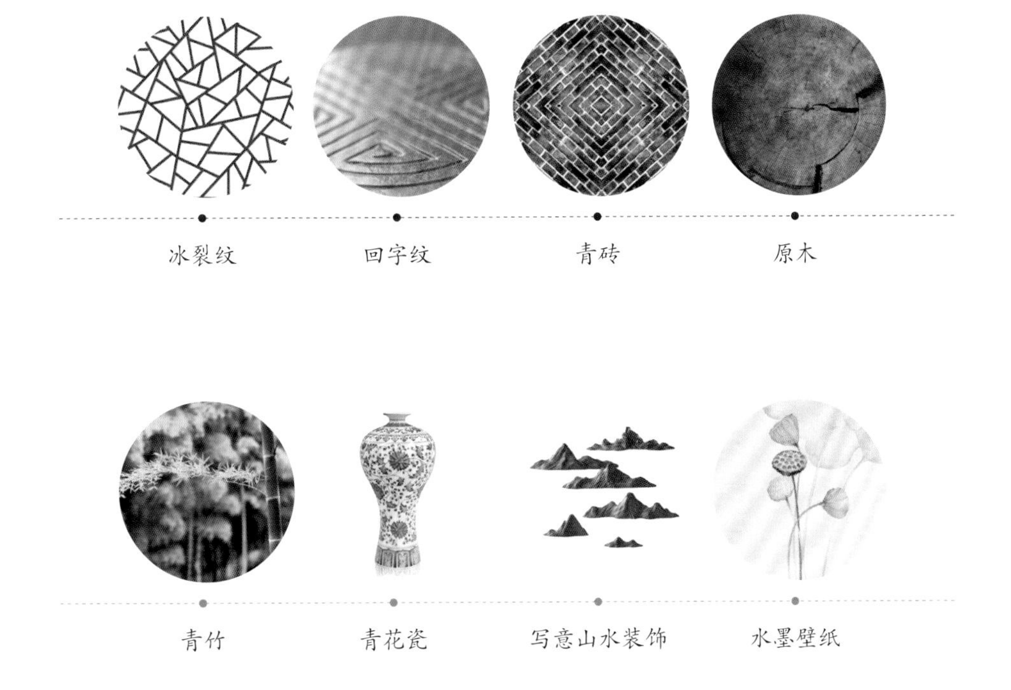

由各种“点”“线”延展出的软装概念参考

古韵中式

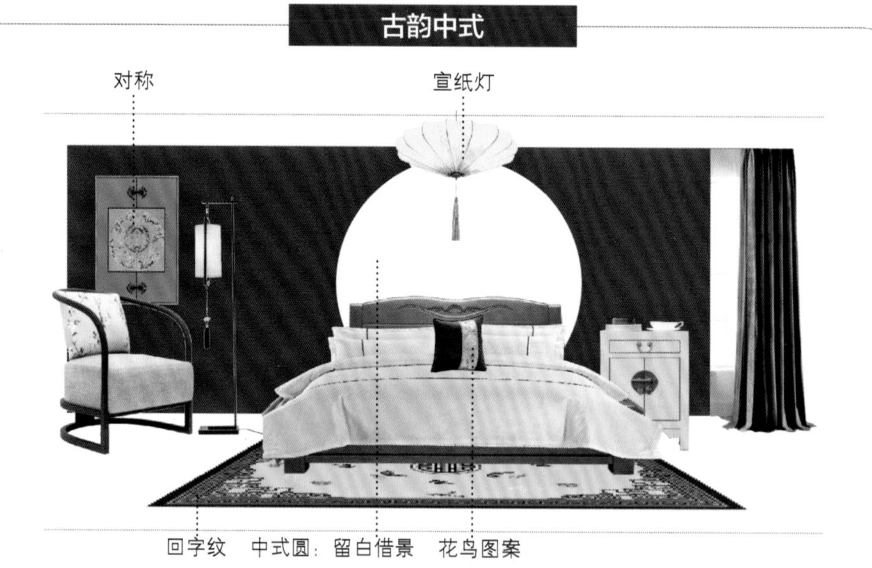

色彩线：运用中式朱砂、藤黄、花青等中式主题色
手法线：对称、留白借景
元素线：花鸟、回字纹、龙纹图腾
材质线：原木、宣纸

清雅中式

冰裂纹
对称
樱草黄 花草藤蔓

色彩线：樱草黄、冬绿色
手法线：对称
元素线：花草藤蔓、莲、冰裂纹花格
材质线：原木、宣纸

2 软装概念方案灵感提取的步骤

步骤一：提取软装概念关键词

根据想要营造的空间氛围，列举出几个空间期望结果的关键元素或风格词。例如：

现代类风格：时尚、精致、品质、极简、设计感、大气、黑白灰、明亮、简约等

后现代类风格：个性、异域、缤纷、摩登、色彩、温暖、清新、梦幻等

古典类风格：典雅、浪漫、古朴、复古、稳重、华贵等

自然类风格：原始、丛林、森系、田园、自然、记忆感等

步骤二：根据概念关键词选择对应表达的图片

以现代类风格为例，根据不同的客户喜好，可以对该风格再次进行精细划分，如延展出现代简约、现代时尚、现代优雅等不同风格，这些风格对应的概念图片也有所不同，根据概念关键词选择对应表达的图片。

现代简约风格概念图提取

▲ 简约的灰色与橙色，款式裁剪简单利落，带来品质简约的现代感

▲ 饰品的造型简约，色调在黑白灰之间，给人以干净的视觉感受；亚光面的天然质地带来亲近感，整张图片现代、简约的氛围浓郁

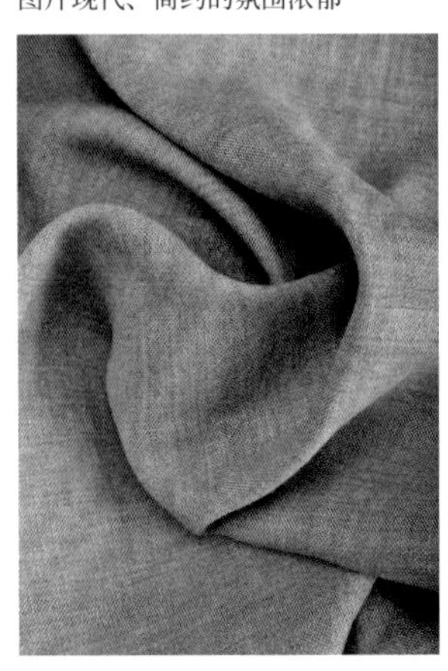

▲ 素色棉麻布艺带来简单、舒适的质地氛围

现代时尚风格概念图提取

▲ 色彩与色块之间拼接碰撞，加之简单、利落的造型，带来有趣、好玩的视觉冲击，模特的表情以及服饰也将现代时尚感展露无遗

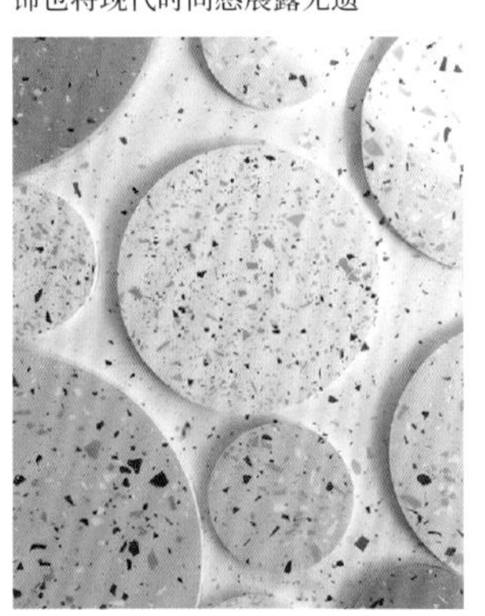

▲ 水磨石色彩多变，自带时尚与复古气息

▲ 简约马卡龙色系的香薰蜡烛，带来现代、时尚、精致的生活方式

现代优雅风格概念图提取

▲ 蒂芙尼蓝与珊瑚橙色带来现代优雅的视觉感

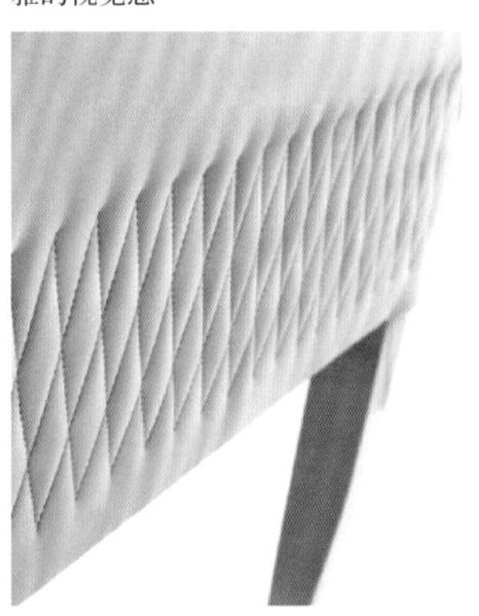

▲ 精致的菱形车线与皮革工艺诠释精致优雅

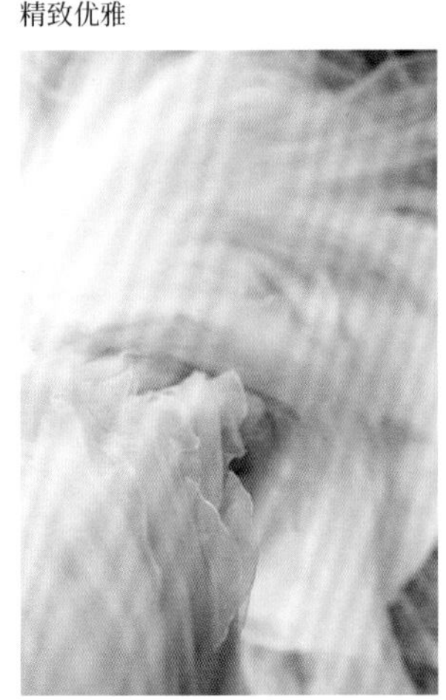

▲ 柔美白纱，完美诠释了女性的优雅

步骤三：从色彩库提取色彩组合

选取好适合的概念图，并依据图片传达出的气质，在色彩库中提取若干适宜的色彩组合。需要注意的是在形成方案时应注意色彩的配比原则。

扫二维码

获取本套“现代简约风格软装设计方案”模板

步骤四：从关键词中任意提取词汇与色彩串联

最后从关键词中提取三个词汇匹配概念图，并与色彩串联，经过关键元素、风格与色彩的组成，空间的气质基本形成。

示例一：极简、温暖、舒适的现代简约风格

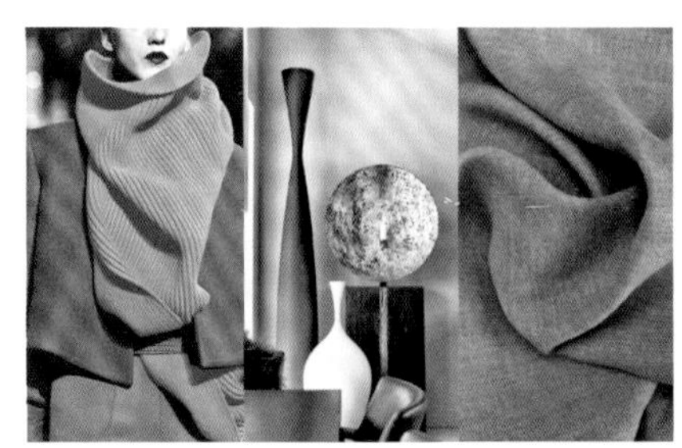

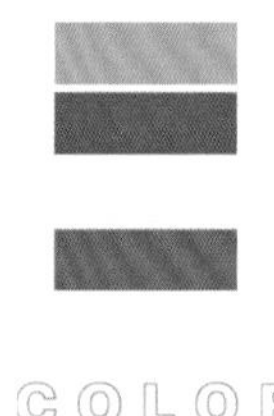

极简　　温暖　　舒适

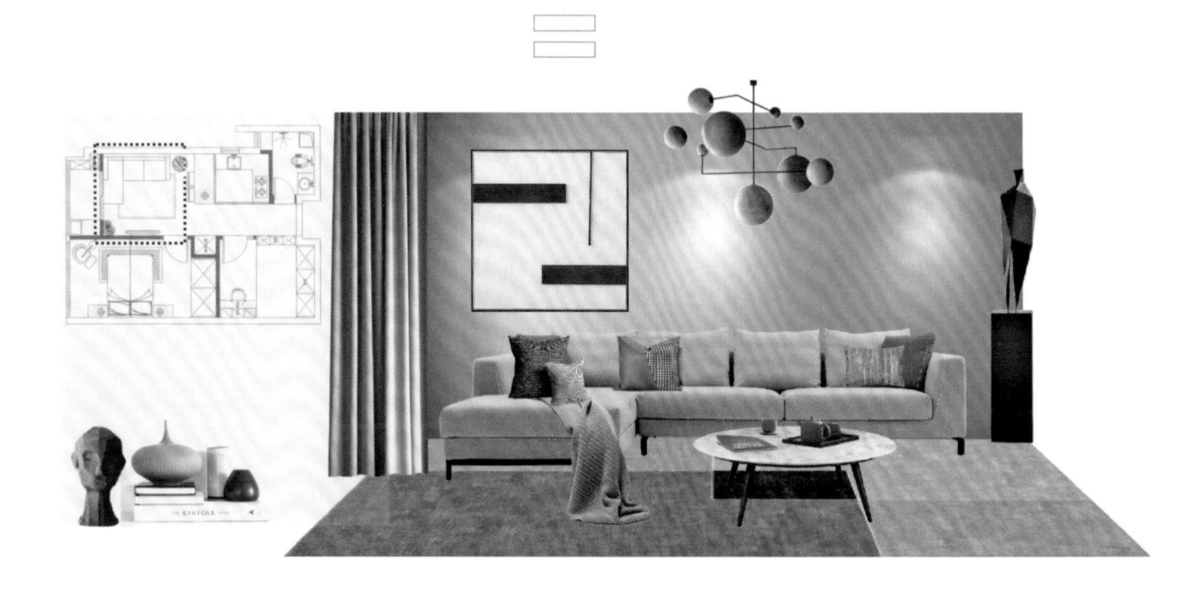

扫二维码

获取本套“现代时尚风格软装设计方案”模板

示例二：艺术、个性、趣味的现代时尚风格

艺术　　个性　　趣味

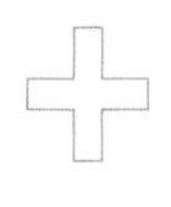

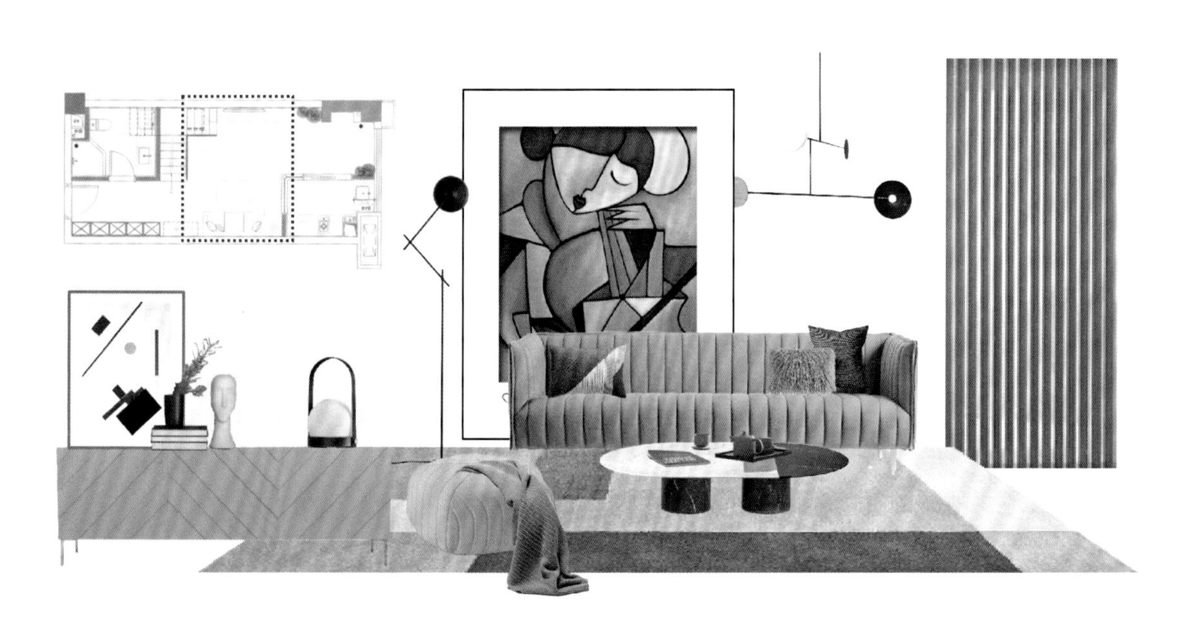

示例三：优美、品质、浪漫的现代优雅风格

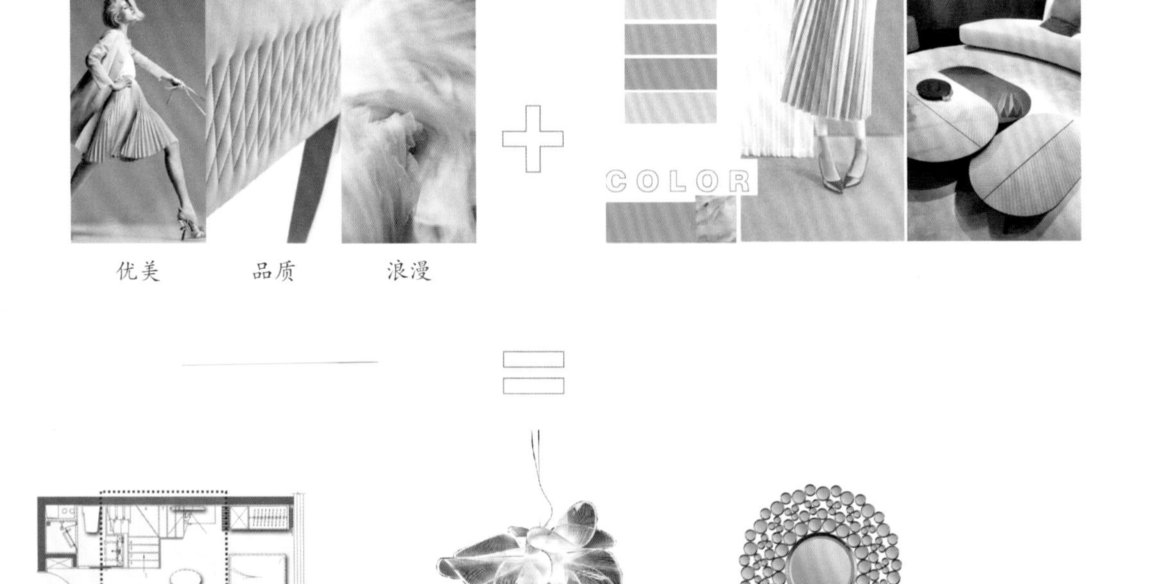

3 软装概念灵感来源

通过对关键元素、风格词进行解析，围绕风格进行总结，以合适、精美的图片展示，即构成了软装概念来源。软装方案中的概念和灵感一般都有出处。比如，品质、优雅、浪漫的现代复古风格，品质来自产品的精湛工艺，优雅来自一副摄影作品或者某件家具款式的造型，浪漫来自轻柔的产品材质质地等。在做设计方案时，软装创意的灵感可以从时装、摄影、动物、影视作品、自然、名画中加以提取。

①时装

把引领潮流的时装色彩、纹样、材质、图案等作为软装概念方案中的灵感来源，可以令软装与时尚接轨，更加吸引眼球。

▲ 针织衫与单肩包绽放的花朵图案象征着万物生机勃勃，丝绒质地令设计弥漫怀旧、复古气息，鲜艳的红绿及金色对比带来视觉的强烈冲击

▲ 墙纸深蓝的底色，使红色花朵与绿色服装的搭配显得复古端庄，并能营造万花丛中一点绿的视觉效果

②摄影

通过对风光摄影的构图、光线、影调、色彩进行设计灵感提取，学习摄影的设计构图与配色。

▲ 水蓝色到土黄色的渐变带来温暖又深远的心理情感

▲ 天蓝色与酒红色的碰撞，画面充满活力又有强烈的色彩冲击力

③动物

自然界赋予了动物斑斓的色彩，以及不同的体型。将其运用在软装设计中，可以产生灵动的效果。一些动物还带有着美好的寓意与象征，可以借鉴到设计主题之中。

▲ 蝴蝶翅膀的暗黑色与法国蓝给人稳重、气场十足的视觉心理

▲ 火烈鸟羽毛的珊瑚粉带来时尚，以及活力满满的少女感

④影视作品

优秀影视作品本身就是软装大师，其配色的运用不仅具有强烈的美感，还具有一定的象征意义。另外，一些影视作品中的人物妆发、服饰，以及一些道具，都是软装设计师作为概念方案的好参照。

《了不起的盖茨比》

◀ 二十世纪二十年代的华丽与奢靡，强烈的艺术装饰风格（Art Deco）花纹诉说着一个浮华、复古、声色犬马的爵士时代

《布达佩斯大饭店》

◀ 哥特式的建筑大面积以千禧粉为基调，如油画般的美轮美奂，呈现出清新、唯美的浪漫色彩

⑤自然

红绿喧闹的田野、五彩斑斓的山峦、金黄的沙滩，大自然中的万物都有着美丽动人的色彩，把这些原生态的色彩运用到软装概念设计方案中，可以令都市中的人领略到大自然的风采。

▲ 深黑色枝桠、天空的蓝色和柿子的橙红色，配色提取可用于中式风格

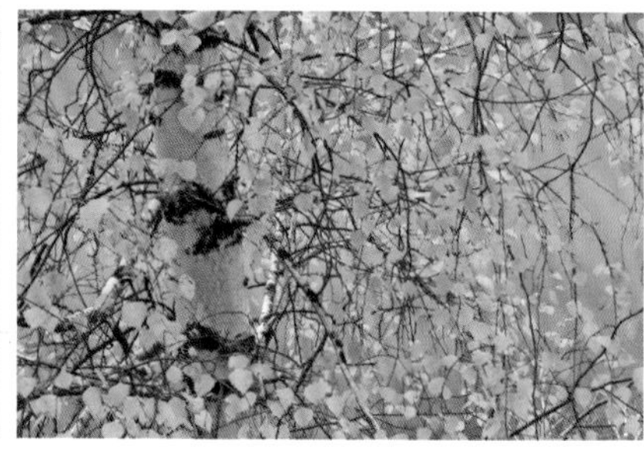

▲ 色彩鲜艳的柠檬黄与灰蓝绿，配色清新而靓丽，色彩提取可用在新中式及北欧风格中

⑥名画

在人类文明发展的历史长河中，出现了种类繁多、艺术成就极高的绘画作品。创作这些作品的艺术家是色彩、构图以及元素选用的审美先行者，从艺术家的绘画作品中提取软装概念方案的灵感，可以把或唯美、或静谧的画中场景应用到家居空间中，从而带来美的享受。

蒙德里安《几何画》

▲ 画面中的格子造型，以及黄色和红色的同类色搭配，比较适合在现代风格的概念设计中加以运用

克里姆特《吻》

▲ 画面中大量金色的使用，给人一种温暖又奢华的感觉。其图案纹样也很独特，有一种介乎日本与拜占庭风格之间的混合趣味，这些特征均可作为软装概念设计的提取点

4 软装概念的延展

软装概念方案的提取过程应围绕主题尽可能拓宽思路，往外延伸。同时大量收集相关信息及文字图片内容，再结合美观性与逻辑性进行综合提炼，最后概括、总结表达出中心思想。

通过象征寓意进行延展：借用某个具体事物或词汇来表达某种思想、特殊意义的艺术手法，比如红色象征喜庆、鸽子象征和平等。

大雁墙布

例如：《倦鸟归巢》，在方案中便可使用大雁的元素在墙布、布艺、灯饰等处进行设计，大雁亦有仁心、忠贞的象征寓意。

梵高《星空》

例如：梵高的《星空》，寓意生命的热烈绽放，方案可提取作品中的蓝与黄色进行软装设计，形成现代、活力、品质的空间氛围。

通过图片内容提取要点进行延展：可以从图片中的颜色、元素、图案、纹样等方面入手，再将提取的要点体现在设计方案或方案中的各类产品上。

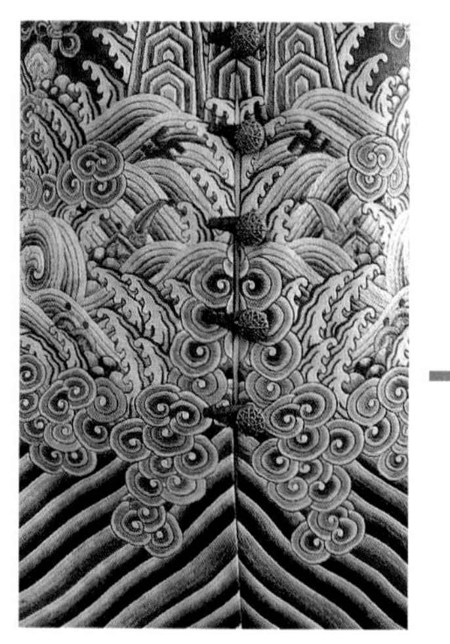

祥云刺绣长袍

▲ 提取祥云图案使用在地毯上，强化中式意境

可提取点：祥云图纹、版画《神奈川冲浪里》、一字铜盘扣、中式色彩等。

蓬巴杜夫人的画像

▲ 提取画像的主色调水仙色和浅绿色，使用在窗帘、靠枕上，增添简约美式的优雅

可提取点：羽绒衾的贵妃榻、优雅浅绿色缎子撑裙、浪漫的洛可可装饰线条等。

三、软装概念方案的设计与制作

软装概念方案展现了初步沟通时客户的想法、设计方向、项目背景定位、资金预算等，再由软装设计师将构思和审美性通过专业知识集合表现在方案中，最后以图文并茂的编排方式呈现。可以说，软装概念设计方案是由客户和设计师共同沟通达成的一个初步共识，这个“初步共识”根据项目大小完成的时间通常为 3 ～ 5 天。

扩展知识

实际上，软装方案由两个部分组成：软装概念设计方案和软装深化设计方案。

软装概念设计方案重点表现在审美、氛围与设计思路、风格定位的传达。

软装深化设计方案重点表现每个空间软装产品的整体搭配设计。

软装深化设计另外一部分是软装产品深化方案，一是针对产品品类在平面图纸上进行索引指向，如果是家具还需找出家具产品物料，并写出每项产品的细致材料描述；窗帘需要确切的面料及辅材型号；灯具的数量、材质光源需写清楚；地毯的色线展示、型号标注与详细的材质描述；挂画的位置、安装高度需根据施工图立面效果展示。二是单独产品或是特殊定制工艺品的施工图表现，这部分通常由设计师跟专业的定制厂家沟通思路，然后根据设计师提供的图片绘制，最终由软装设计师挑选确认产品的款式、尺寸、材质、色板、面料、五金等，再交由厂家制作、生产。

如果仅是软装设计，完成软装概念设计和软装深化设计，以及软装产品清单即可。但是当项目需要软装整体落地，软装设计师则需要完成产品深化部分的完整沟通，如产品选样（选择软装产品的布料、样板、油漆色板、五金等）、产品跟踪（把控与对接软装单个产品的图纸尺寸、材质、款式、生产流程节点）、产品验收等。

1 软装概念方案的呈现方式

软装概念设计方案一般用 PPT 文档图文并茂地表现，PPT 页面设置选择横向，使方案视觉上大气、稳定，尺寸可设置为 16cm × 9cm 或 A3 版面，尺寸过大 PPT 文档容易卡顿。

①方案图片应精选

软装概念方案的图片选取应精致、美观、高清，并且能够表达主题。其中图片风格与设计主题保持一致非常关键，因为设计主题是整个软装概念方案的核心。

▲ 通过选取精致、高清、美观的图片，试图表达书吧的空间气质：即复古、记忆感、精神旅程

②方案文字少而精

软装概念方案中的文字使用要少而精，一个方案中尽可能不要出现超过 3 种字体，否则版面会显得杂乱无章，但可以通过改变字号和色彩，突出重点信息并产生对比。

▲ 通过寥寥数字对材质的描写，使材质图片的视觉感官更强烈；同时，选用的中文字体方正，体现简约感，英文字体则带有变化，为版面增加生动感

③方案排版应整洁

软装概念方案的排版方式有很多种，常用的排版方式可归纳为三种：中轴式排版、满幅排版、上下结构排版。

中轴式排版

▲ 通常图片文字集中在版面中心，体现稳定、和谐感

满幅排版

▲ 将表达方案气质的图片进行弱化后作为背景图，体现版面的大气、格调

上下结构排版

▲ 图片、文字集中在版面的上部或下部，体现版面的精致、品质感

2 软装概念方案的组成部分

软装概念方案因设计公司和项目的不同而有所差异，其制作手法和方式也存在差异化体现，但大体上由基础部分、项目部分和设计部分 3 大块组成。

基础部分	项目部分	设计部分
√封面	√项目信息（背景、分析）	√设计灵感来源
√目录	√项目定位	√设计理念 / 设计说明
√封底	√平面布置方案	√色彩定位
	√效果图	√材质分析
备注：可在目录前加入公司介绍和案例概述，页面建议为 3~5 页。		√空间软装概念表现

①封面

封面形式比较多样，多以呈现方案为主。需要明确以下内容：即项目名称、风格定位、落款（日期）。整个版面的设计内容与设计主题及风格应保持一致，让客户第一眼就能清晰地感受到整体方案的调性与方向。

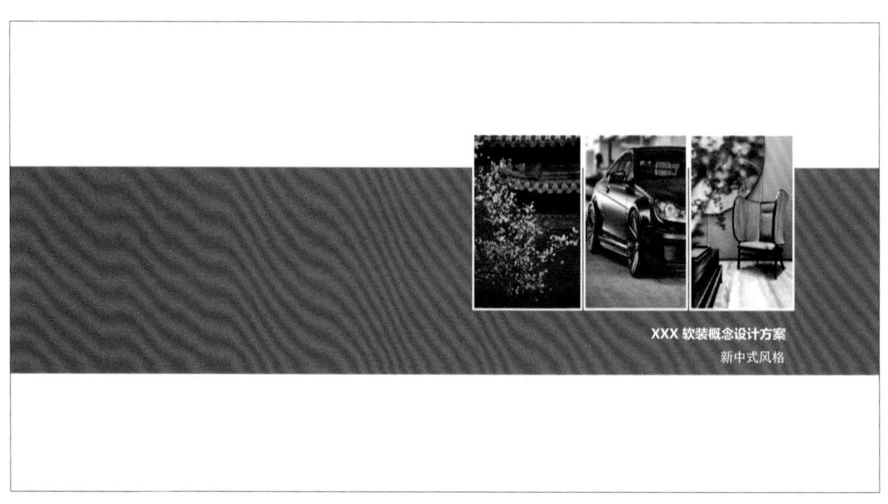

▲ 方案封面采用了白底中轴式排版，在中轴式版面中竖插 3 张图片，打破常规的同时保持整体结构的简洁大气；矩形图形的色块使用的是橙红色，给人以不失活力的深秋感；3 张竖形图片的内容呈现了方案要表达的新中式主题、品质以及色彩定位

②目录

目录是对整个 PPT 的内容索引，根据展示的内容页面进行名称概括，应有清晰的逻辑顺序。在版面设计上，可以图文并茂或者只有文字，配图时需要分清主次，以目录索引的文字为重，版面上应干净、整洁、有序。

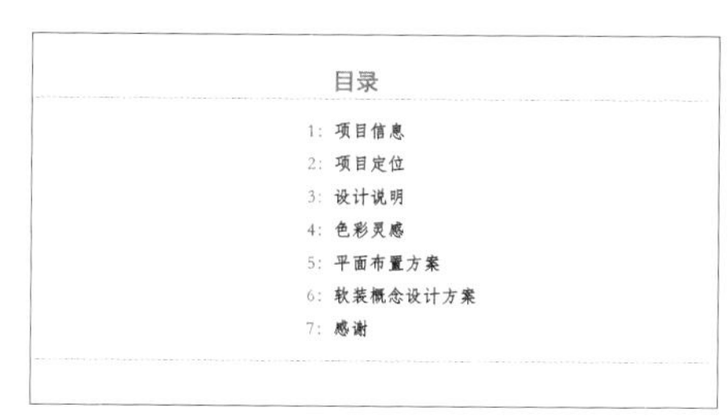

▲ 纯文字型排版：重点突出目录文字内容

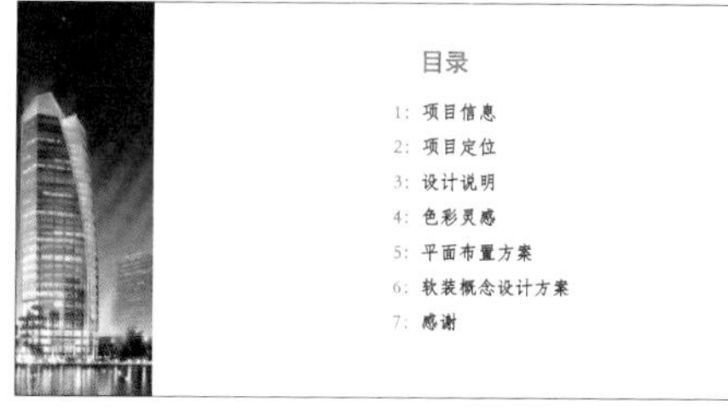

▲ 图文结合型排版：截取了项目地的鸟瞰图加入目录中，易使客户产生熟悉感

③项目信息

项目信息是为空间使用者提供真正量身定制的空间软装解决方案的依据，应清晰描述项目状况、家庭成员、爱好需求等，并与客户进行项目信息确认。设计方向则是基于之前与客户初步沟通所倾向的风格以及调性定位。

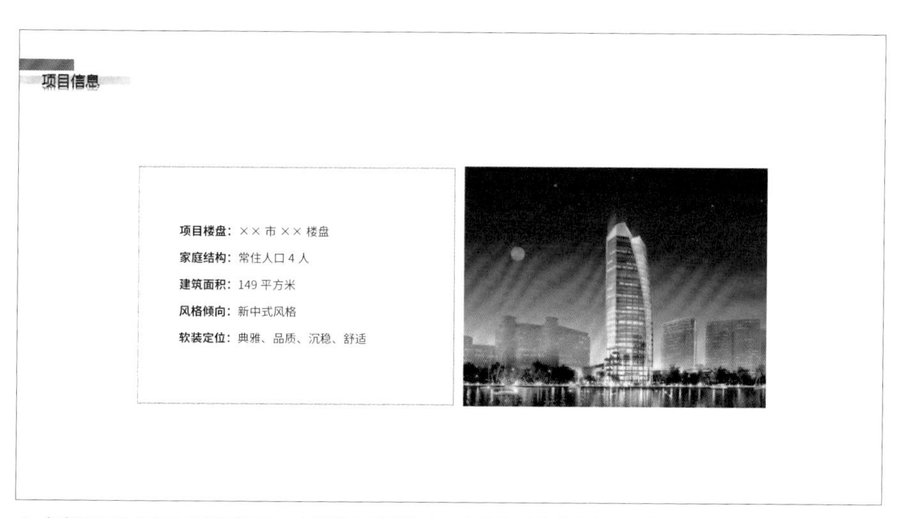

▲ 本案例是位于 XX 市的江景房，户型以大平层为主，定位为改善型住房，家中常住的成员有四位。经过风格沟通之后比较倾向于新中式风格，根据项目位置与风格定位，软装调性的关键词定位为：品质、沉稳、典雅、舒适

④项目定位

对空间进行调性定位。通过与客户的初步沟通、现场了解、资金规划、需求信息等为空间设定一个更精准的基调，以及未来空间所呈现出的最终气质形态。

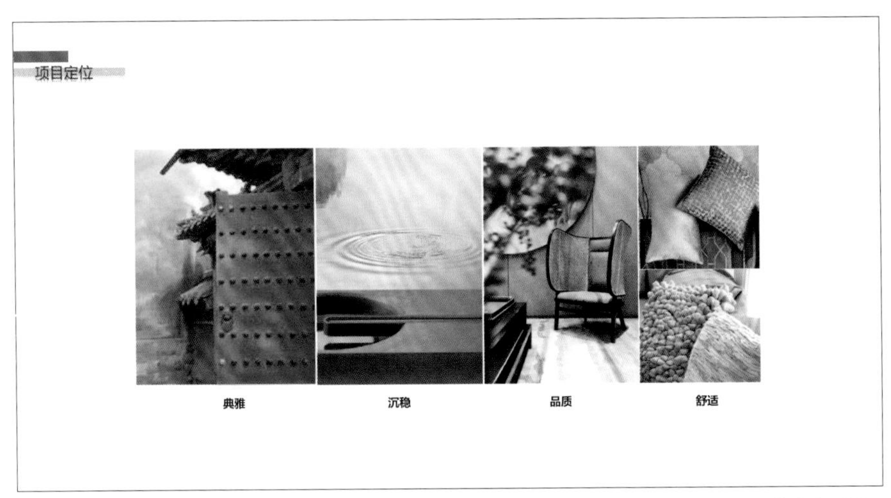

▲ 这里选取了 4 张图表现在软装概念方案中想要凸显的空间气质。从图可以看出其调性都是围绕中式开展。其中，色彩以橙红色为主，以紫禁城门表现典雅贵气，水表现沉稳、包容，家具凸显品质，布艺靠枕、腰枕表现舒适感

⑤设计说明

设计说明分为设计主题和设计思路两部分，设计主题是为整个项目的气质命名，为项目起一个符合整体设计思路的名字，也是设计师本人对空间美好生活的阐述。另外，设计说明的文字部分应做到言简意赅、文辞优美，且具备一定的思想性与故事性。

▲ 例如本示范模板：“秋”给人的第一印象是金澄澄的色彩，其二“秋”也有丰实、稳重、秋高气爽之意，“序”则代表了序章、故事

⑥色彩定位

在日常生活中，色彩是人的第一视觉印象。一套好的软装设计作品，肯定离不开配色的使用。软装中，色彩的使用配比原则是 6 ： 3 ： 1，60% 的主色调，30% 的辅助色，10% 的点缀色。在遵循色彩配比的原则下，基本不会出错。邻近色配比的空间具有稳定、平和性，互补色配比的空间更具活力感。

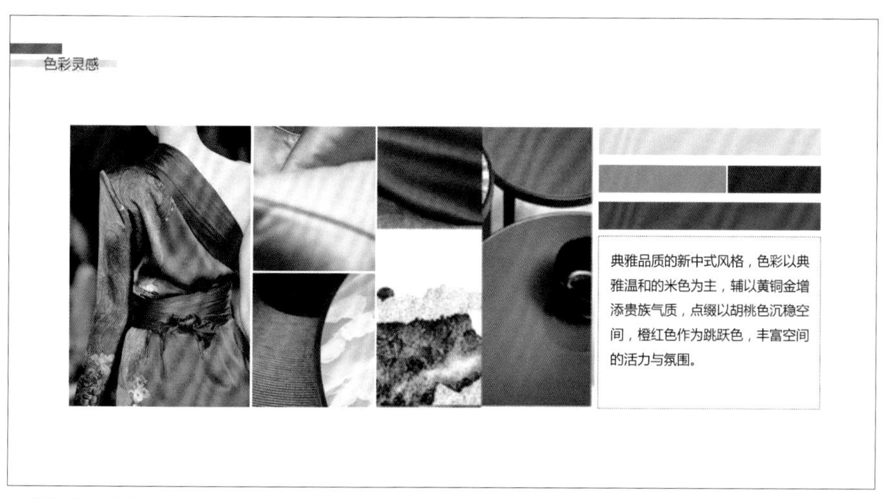

▲ 例如本示范模板：以典雅、温和的米色为主色调，加之黄铜色和胡桃色的辅色调，空间颇显贵气、大方、沉稳——再用橙红色做点缀色，丰富空间氛围

⑦材质分析

通过对软装提案中所用的材料分析，使客户了解软装产品的颜色、材质质感、肌理在空间中呈现的气质。其表现形式主要为材料小样及布版设计等。

▲ 例如本示范模板：用内敛的皮革、温润的实木、高贵精致的黄铜，以及柔软舒适的布艺凸显新中式风格的内涵、温雅、品质与舒适的特性

⑧平面布置方案

平面布置方案涵盖楼层、自然光、动线、尺寸以及预算把控等。楼层决定了室内自然采光，影响着设计师匹配光源的大小、冷暖；平面动线和尺寸决定布局是否合理。一个优秀的软装设计师应对原平面布局进行优化，使空间与产品的尺寸利用更恰当。在预算把控上，重点软装区域和次要软装区域决定了空间区域预算投入的配比，在主要的区域做软装重点投入，而次重要或者不重要的区域则少投入或者不投入。

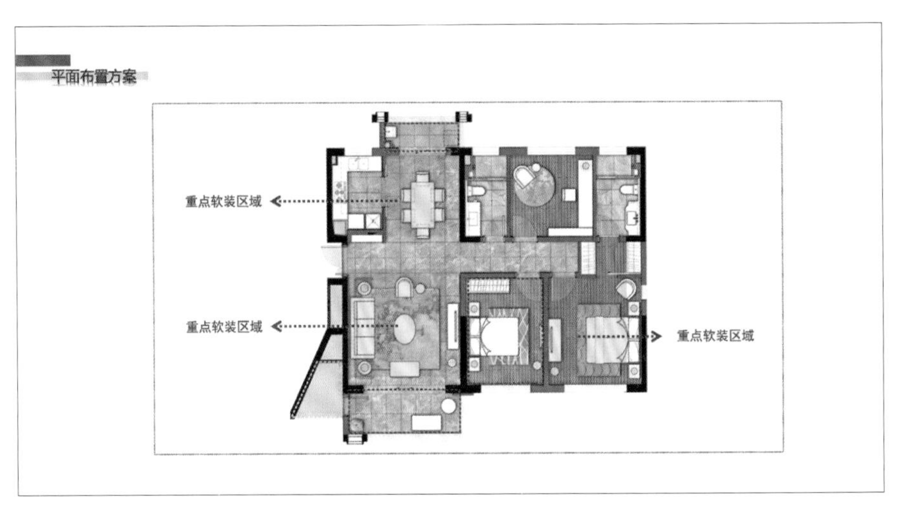

▲ 例如本示范模板：位于 23 层，空间采光良好，户型格局合理周正，经沟通之后客户意向将开放区域的客厅、餐厅以及静区的主卧室作为软装重点打造区域

⑨空间软装概念表现

在项目有效果图的情况下，挑选一张与效果图氛围相近的场景图，配以能够体现设计理念的彩色氛围图，再加上 1 ～ 2 张软装产品单品图（有效果的项目，表示经过硬装设计师设计之后，项目的基本风格与调性已被客户接受）。如果项目没有效果图，软装概念方案的整体调性可延续设计理念方向进行。

▲ 客厅的设计明亮大气，材质上选用黑胡桃木和布艺来凸显家具的品质与舒适，适当搭配黄铜材质点缀，整个空间在雅致中式中保留着现代时尚的气息，灯饰、窗帘、装饰画、饰品选用的橙红色凝聚了浓郁的东方文化，营造出一种独到的美学意境

▲ 主卧软装深化整体在延续设计思路和色调中进行了“收”，一个大气、舒适、稳重为主的空间更适宜放松和入睡

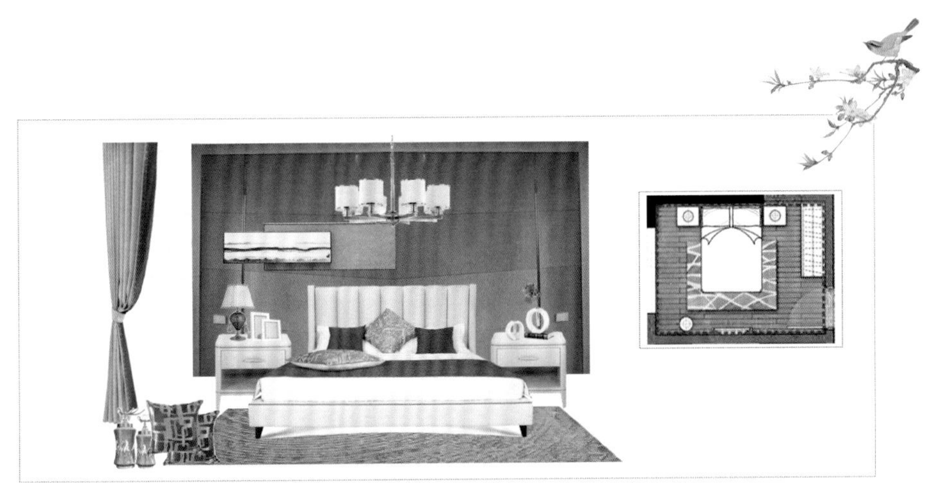

▲ 次卧作为客房在设计上满足基本功能需求，同时将色彩与主题延续。浅色高靠背的床可满足阅读需求，带抽屉和层架的床头柜为空间带来更多的储藏功能

扫二维码

获取本套软装深化方案完整模板

▲ 书房的功能以阅读、写作为主，整体氛围强调恬静，可选用坐高低于常规（常规坐高 450mm），坐面深于常规（常规座面 550mm）的单人沙发，便于更舒适的阅读和放松

3 软装产品深化方案的制作

软装产品深化即是将所有采购产品品类在平面图纸上进行索引指向。同时需要列出每项家具产品的物料，写出细致的材料描述；窗帘需要确切的面料及辅材型号；灯具的数量、材质光源需写清楚；挂画的位置、安装高度需根据施工图立面效果展示；地毯的色线展示、型号标注与详细的材质需进行描述。无需采购的物品则不用列出。

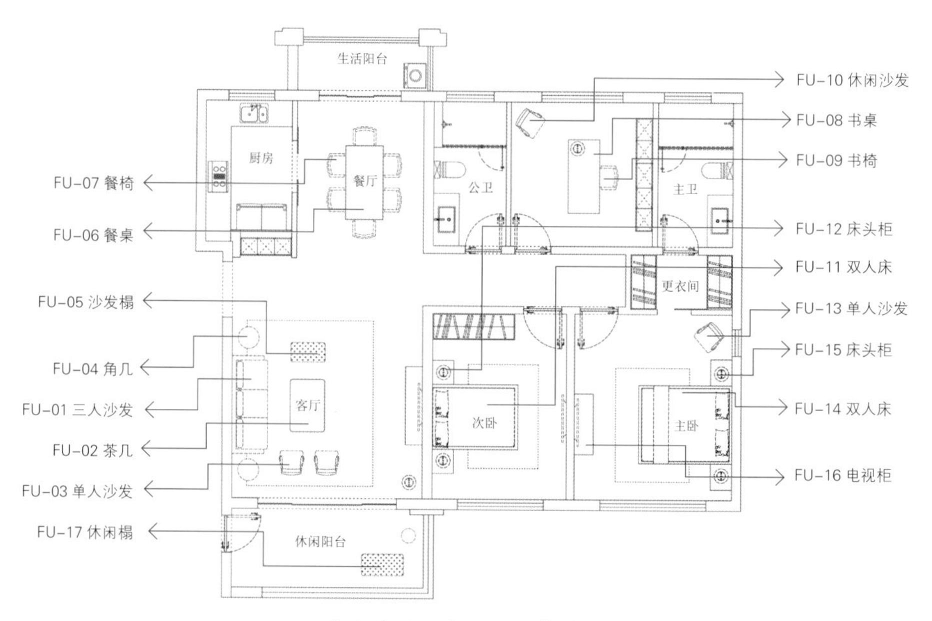

家具平面尺寸及位置索引图模板

▲ 家具平面索引：在清单中导入平面图，拉出每件家具的位置索引

家具物料清单模板							家具物料清单
序号	物料编号	内容	参考品牌	参考型号	参考图片	实物样板	备注
1	ST-01	爵士白大理石					
2	ST-02	帕斯高灰大理石					
3	ST-03	帝王黄大理石					
4	ST-04	黑白根大理石					

家具物料清单模板（局部）

▲ 家具物料清单：列出所有家具产品的材质，并制作家具物料清单

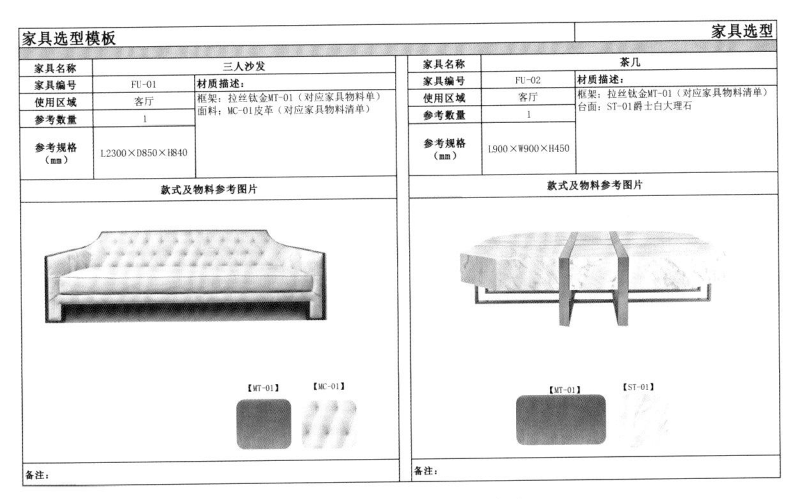

家具选型模板 / 家具选型

家具名称	三人沙发	
家具编号	FU-01	材质描述：
使用区域	客厅	框架：拉丝钛金MT-01（对应家具物料单） 面料：MC-01皮革（对应家具物料清单）
参考数量	1	
参考规格（mm）	L2300×D850×H840	
款式及物料参考图片		
【MT-01】 【MC-01】		
备注：		

家具名称	茶几	
家具编号	FU-02	材质描述：
使用区域	客厅	框架：拉丝钛金MT-01（对应家具物料清单） 台面：ST-01爵士白大理石
参考数量	1	
参考规格（mm）	L900×W900×H450	
款式及物料参考图片		
【MT-01】 【ST-01】		
备注：		

家具选型模板（局部）

▲ 家具选型：详细列出每件家具的款型、所在区域、家具编号、数量、尺寸、材质描述以及物料编号

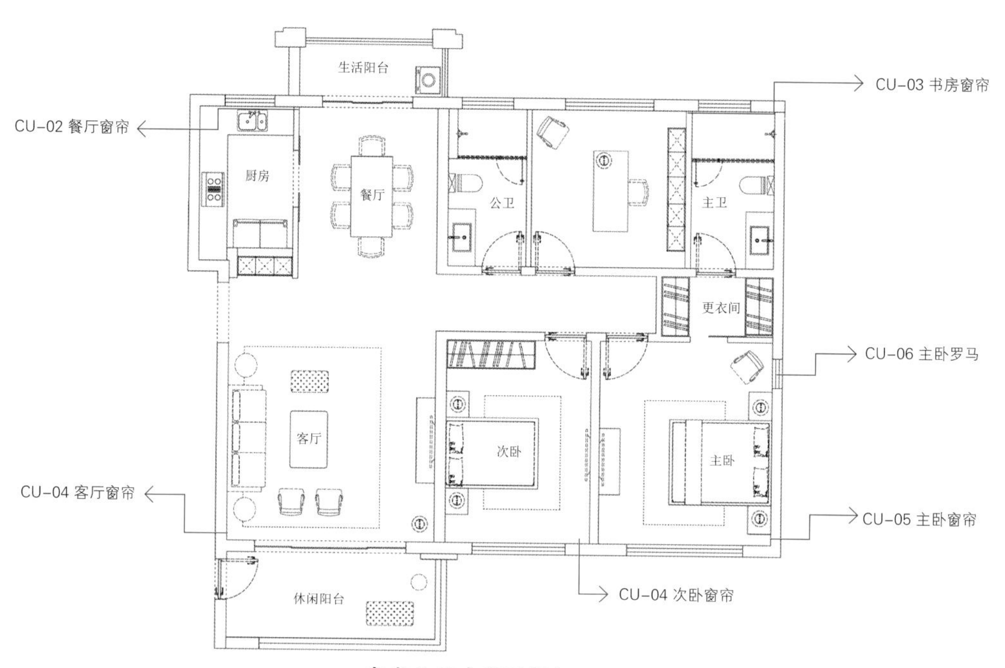

窗帘位置索引图模板

▲ 窗帘平面索引：将每个区域所需要的窗帘在平面图上拉出索引

窗帘选型模板					窗帘选型
物料名称	窗帘	窗帘款式参考	窗帘面料参考图片		
款式编号	CU-01		主布	拼布	挂钩款式
使用区域	客厅				
材质描述	主布面料：XXX-00 拼布面料：XXX-00 纱帘面料：XXX-00 挂钩：XXX-00 窗帘杆：XXX-00		纱帘	罗马杆	
参考规格（mm）	L3900×H2800				
褶皱比	1:2				

窗帘选型模板（局部）

▲ 窗帘选型：详细列出每款窗帘的物料名称、参考款式、所在区域、窗帘编号、材质型号、尺寸等

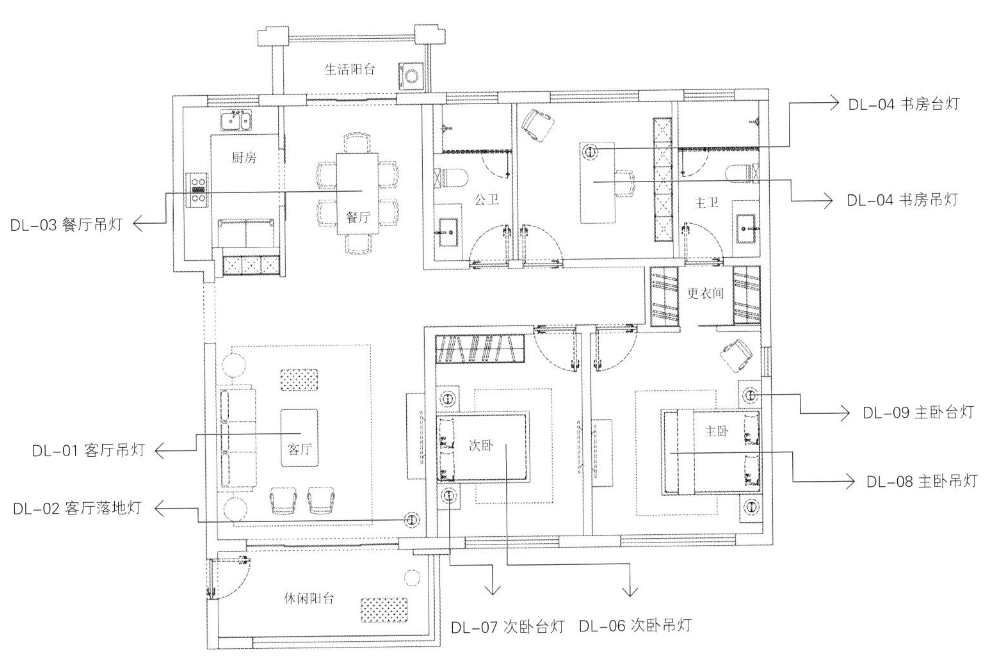

灯具位置索引图模板

▲ 灯具平面索引：将每个区域所需要的灯具在平面图上拉出索引

灯具选型模板					灯具选型
物料名称	吊灯	**参考图片**	**物料名称**	落地灯	**参考图片**
编号	DL-01		**编号**	DL-02	
使用区域	客厅		**使用区域**	客厅	
使用位置	客厅吊顶		**使用位置**	电视柜边	
参考规格（mm）	D900×H500		**参考规格（mm）**	D400×H1650	
材质描述	灯体：金属 灯罩：布艺		**材质描述**	灯体：实木+金属 灯罩：布艺	
光源参数	光源：LED 色温：2700K 功率：9W		**光源参数**	光源：LED 色温：2700K 功率：12W	
参考数量	1		**参考数量**	1	

灯具选型模板（局部）

▲ 灯具选型：详细列出每款灯具的物料名称、参考款式、所在区域位置、尺寸、灯具编号、详细材质、光源、数量等

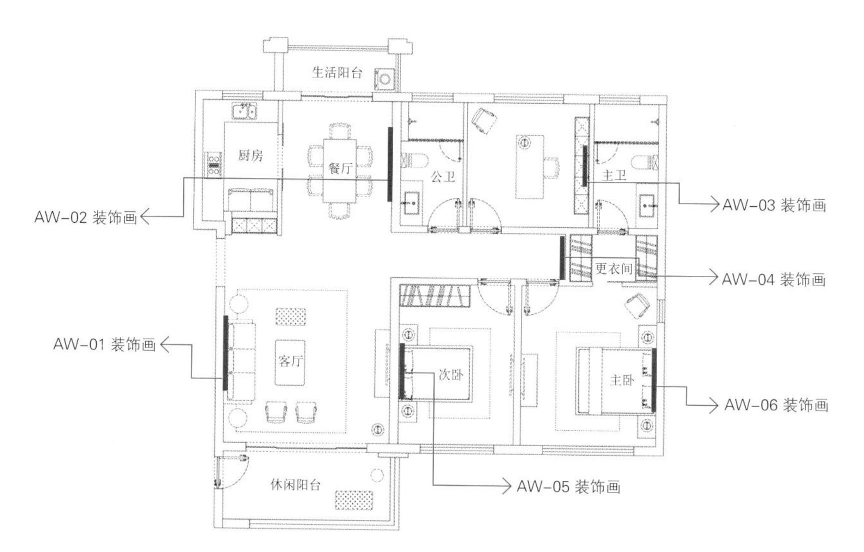

装饰画位置索引图模板

▲ 装饰画平面索引：将每个区域所需要的挂画或墙面挂饰在平面上拉出索引

装饰画选型模板		装饰画选型
物料名称	装饰画	参考图片
编号	AW-01	
使用区域	客厅-沙发背景墙	
参考规格（含画框）（mm）	W1400×H1000	
安装高度	底边离地1050mm	
参考数量	1	
材质描述	画框材质：实木 画框宽度：30mm 画芯材质：油画布	
画框线样式	装裱形式	立面示意图
	不留白，直接装裱	无立面图纸

装饰画选型模板

▲ 装饰画选型：详细列出每幅挂画的物料名称、编号、悬挂位置、尺寸以及参考安装高度、详细的材质描述、画框样式、装裱形式以及立面悬挂示意等

地毯选型模板			地毯选型
产品名称	活动地毯	参考图片	平面位置示意图
产品编号	CA-01	A12 P16 T22	
使用区域	客厅		
使用位置	沙发区域		
参考规格（mm）	W2800×D2400		
产品结构及材质描述	纱线规格：80% 国产进口羊毛，20%国产尼龙 密度：7×9 绒高：8mm 总绒重：≥1400g/m² 宽度：3.66m/4m 底背：pp丝/黄麻 染料：瑞士Ciba环保染料	A12 P16 T22	
参考数量	1		

地毯选型模板

▲ 地毯选型及铺设区域：详细列出每个区域地毯的物料名称、编号、尺寸以及材质描述，并标明数量、地毯参考样式（即色球和型号），附上平面图，并标出使用位置

扫二维码

获取本套软装产品深化方案完整模板

4 商业空间软装深化方案的制作

商业空间的软装深化方案表现手法与住宅软装深化方案一致，但这种一致仅限于常规软装产品。商业空间在部分软装产品的样式及个性化需求上比住宅要多样，且特殊，所以需要特别定制。特别定制产品体现在落地执行阶段。如下图中所示的家具、灯具、装饰画、艺术品等，由于某些产品款式在市面上比较少见，或与空间尺寸不匹配，或价位过高等原因，因此也可以选择复刻版。

	要点	图例	
家具	追求造型和材质的新颖，以及整体调性的一致。为突出商业空间的创意与主题，甚至可以对成品家具进行二次设计	 常规经典款 意大利米洛提（Minotti）经典款弧形沙发	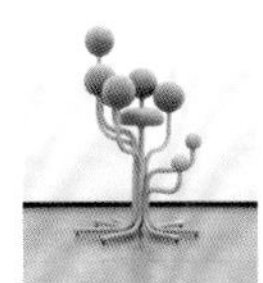 主题定制款 彼得·奥普斯维克（Peter Opsvik）1984 年花园环球椅

	要点	图例	
灯具	贴合硬装及空间意境，设计样式多变的灯饰以及光源亮点的营造	 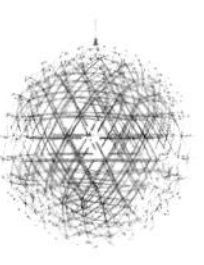 常规经典款 荷兰经典家居设计品牌 Moooi 2010 年 Raimond 灯	 非常规超大台灯 俄罗斯圣彼得堡公寓 TOL'KO 设计

	要点	图例	
地毯	根据整体效果与空间感，定制非常规尺寸	 常规经典款	 非常规尺寸定制

	要点	图例
装饰画	根据整体效果与预算，定制非常规尺寸与复刻版	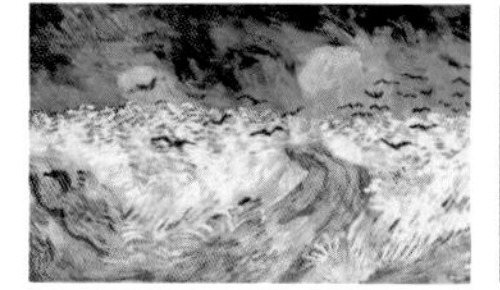 收藏款 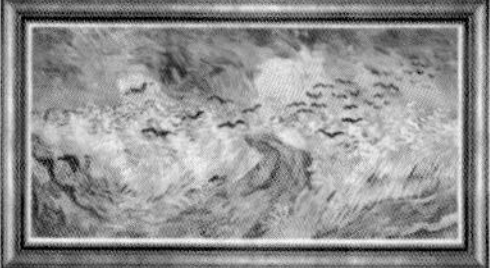 复刻版

	要点	图例
艺术品	根据主题、氛围、现场尺寸设计、绘图及定制	 经典版  复刻版 乌克兰艺术家 Nazar Bilyk 的雕塑作品《Rain》

5 软装深化方案的汇报

软装概念设计方案的汇报重点在于方向、格调定位、色彩、整体氛围意境；软装深化设计方案的汇报则更注重讲述空间（动线、采光、大小）与产品（尺寸、材质、款式），人（五感六觉）与空间，人与产品的关系等。同时，还需要讲述产品故事、产品品牌、产品起源等，以故事带入空间，使每个空间因为软装的设计而丰富生动。实际上，软装深化设计方案的汇报和软装概念方案设计汇报基本相同。

第三章
软装项目的报价与合同签订

当客户对概念方案认可之后，就进入到了软装项目的预算报价及合同的签订阶段。客户对项目支出都会有一个预期的心理价位，只有预算报价接近这个心理价位，成单率才会更高。在软装项目中，合同大体分为两种，即软装设计合同和软装产品采购合同。软装项目合同维护客户与软装设计师双方利益，也是后期执行的依据，十分重要。本章将对软装项目报价的相关知识，以及项目合同的分类、构成与签署等事项进行细致梳理，以持续推进软装整体落地工作。

一、软装项目的报价方式

①软装报价的成控与成本

不论是私宅项目，还是商业项目，成控与成本都是其重点考虑的因素。区别在于私宅项目对成控更偏感性，商业项目则是每笔计算精确。成控作为影响甲方拍板的关键环节，对最终的决定起到非常重要的作用，软装设计师想要拿下合同，最直接的方式就是给出低价。

备注：商业项目多采用招标方式，至少会选择三家公司进行议标，以技术标与经济标评比，技术标指设计方案，经济标即是成本控制。

想要给出相对低的报价，首先要了解竞争对手，可以间接了解有几家公司参与项目议标，分别是哪几家公司，以及这些公司的实力如何。做到知己知彼，才能找到自身报价的优势。但由于标书都是密封件，想要在开标之前清楚了解竞争公司的报价不太可能且涉嫌违规，可以通过如下方面，得出相对的低价。

首先，每平方米的报价范围不超过甲方的标书规定。

其次，总价按照一定比例分配，通常为家具：灯具：布艺：地毯：挂画：饰品 =50 ：15 ：15 ：5 ：5 ：10。例如，一个项目的总价是 60 万元，根据比例得出的软装品类的价格比例为 30 ：9 ：9 ：3 ：3 ：6（万元）。但这个比例根据不同的项目类型也略有不同，仅作为参考。

最后，根据最终总价，单项产品整体比例下调 5% ~ 10%，通过这样的报价调整，基本可以得出整体低价或者偏低价，以符合客户的心理预期。

②软装项目的报价方法

软装项目的报价一般由软装设计公司的产品成控部门出具，需要有一部分项目实操经验。但是软装设计师作为项目的总负责人，且在前期方案时对项目整体设计做过报价把控，因此，把控好产品价格符合客户预算，也是软装设计工作中非常重要的一项，要避免因为价格不合适而流失客户。

软装项目报价的方法有四种：

总价看面积：可以根据项目面积，初步核算出软装项目的总价。

住宅项目	因进口品牌家具、品牌家具、定制家具、网上家具的价格差异悬殊，住宅项目需根据客户投入预算或设计师预估进行报价
样板间项目	根据地域不同均价在 1800 ~ 4500 元 /m^2
售楼部项目	根据地域不同均价在 800 ~ 2200 元 /m^2
其他项目	根据项目种类、项目定位及产品类型和硬装投入可进行报价预估，例如某家时尚餐厅硬装投入 80 万，根据餐厅的时尚与快销定位，软装的投入与硬装占比通常是 1 ： 2，即预估软装投入应小于 40 万

供应商报价：由软装品类供应商报出厂价是最常见的操作，在价格把控上有相对优势。其中，品牌类产品的报价范围通常是统一的，根据合作产品总额达到不同额度会有不同的折扣；定制类产品则根据厂家和产品的用材、做工、品质不同价格相差较大。

参考网上报价：通常以淘宝、天猫等网上平台价格为参考，当项目的预算较低又赶进度时，可以从网上各大平台找价位适中偏上的相同款报价。注意查看评论区的买家秀来辨别产品质量，以及在报价时需算上包装费、运费、搬运费、安装费、售后服务费等。

设计师预估报价：如果是设计师自己做报价预估时，一是要根据经验并参照供应商提供的报价单，以及之前所做的类似项目，并结合当地消费水平报出价格；二是要根据对项目总价做一个预估，再根据产品品类的比例做相应的调配。

③软装项目报价的对象划分

软装项目的报价根据对接对象不同一般分为三种：项目软装产品清单报价，即报给客户的合同报价；软装产品厂家清单报价，即为出厂价；项目软装产品成本核价清单，成本清单一般由公司内部保存，便于核算项目利润以及把控采购成本。

对应客户的项目报价：是整个项目能否顺畅进行下去的核心点。因此，在做软装清单报价时，要将所有信息清楚、明了的进行表达，并仔细审核不要漏项，不仅要写清楚产品信息（数量、尺寸、材质）更要仔细核对所有价格，且总价一定要合理，并考虑到运费、安装等各项费用。

XX项目软装清单报价（汇总表）

项目名称:				项目地址:	
项目负责				电话:	
序号	物品种类	数量	单位	总金额（元）	备注
1	家具		件		
2	灯饰		盏		
3	窗帘		副		
4	地毯		块		
5	装饰画		幅		
6	装饰品		件		
	合计		组/项		
			折后总价（￥）		
总金额合计(大写)					

报价说明：1.本报价不含税。
2.本报价包物流、配送、安装、人工等费用。
3.本报价有效期30天。

扫二维码

获取《XX项目软装清单报价》完整模板

XX项目软装清单报价（家具）

序号	位置		名称	图片	材质	规格(mm)	数量	单位	单价（元）	金额（元）	品牌
	主	次									
						合计		件			
									家具总计(￥)		
				供货方确认签字：		年　月　日					
				收货方确认签字：		年　月　日					

备注：每个公司都有自己的报价格式，但清单报价内容大致一样。

对应厂家的报价咨询：对应厂家的报价需要将产品品类单独列出文件发给对应的供应商，报价单里不用体现项目名称和地址。另外，为了给项目报出合理的价格，产品品类的报价至少应咨询档次及品质相近的3个厂家。

要点

（1）制作产品清单报价时一定要将成本核算价格和报价清单列在不同的表格里。

（2）产品报价清单一经确认后，必须客户签字才能进行到下一个工作流程。另外，在打印时要注意表格的美观性。

XX项目家具产品清单

物品编号	区域/位置	物品名称	款式图	材质工艺	尺寸规格（mm）	数量	单位	单价	总价	备注
FU-01	会客/休闲区	双人沙发		灰色布艺坐面+五金沙发脚	1850×850	1	件			
FU-02		单人沙发		黑白格纹布艺坐面+五金椅腿	680×720	2	件			
FU-03		茶几（方）		古铜色拉丝金属	1200×700	1	件			
FU-04		边凳		细青色绒面软包+橙色皮革	Φ450	2	件			

扫二维码

获取《软装产品品类询价单》完整模板

公司内部的成本核算清单：除给客户的清单报价和厂家的报价单，还需要制作一份项目成本核算清单，一是可以清晰、明确计算出每个项目的利润点；二是可以掌握成本，便于其他项目用到相同产品能快速做出报价；三是根据成本单价合理规划利润，做相应的产品采购。

XX项目成本核算汇总表

项目名称:					项目地址:		
项目负责人:					电话:		
序号	物品种类	数量	单位	成本合计	总金额（元）	利润	备注
1	家具		件				
2	灯饰		盏				
3	窗帘		副				
4	地毯		块				
5	装饰画		幅				
6	装饰品		件				
	合计		组/项				
			折后总价（¥）				
总金额合计(大写)							

报价说明：1.本报价不含税。
2.本报价包物流、配送、安装、人工等费用。
3.本报价有效期30天。

④软装项目报价流程

要想做出全面、准确的报价单，需要遵循一定的报价流程。

列出项目的所有软装产品	包括材料、数量等，再根据户型平面图和客户需求填写清单。因不同的材料涉及的价格差异较大，因此一定要将软装产品的数量、颜色、材料等一一写清楚
了解软装产品的出厂价格	一般情况下，产品会根据厂家进行分类报价，这就需要软装设计师清楚了解软装产品的出厂价，才能计算出项目的成本价格，以便按照公司的预计利润进行报价
全面考虑报价项目	一定要考虑税收、摆放费、物流费、安装费等项目。由于软装项目存在后期摆场及外地项目，因此摆场费和物流费及远程项目操作开销是报价中必不可少的部分

二、软装设计合同的分类与构成

目前，各软装公司使用的软装设计合同没有固定标准，且比较简单，基本由硬装设计合同演化而来，设计完成之后合同终止，不存在太多售后问题。

根据软装项目的性质、设计内容、付款方式、出具文件的不同，软装设计合同又分成住宅软装设计合同和商业空间软装设计合同。商业空间具有体系庞大、独立自我属性、面向大众群体、流程制度化、涉及税金等因素，而住宅软装设计合同相对来说比较简单。

1 住宅空间软装设计合同的构成

类目	内容
标准合同封面	软装设计合同书字样　设计公司 logo/ 名称　合同编号　日期
项目概况	项目名称　项目地点　项目面积
设计范围	整体空间软装设计　单项 / 单层设计
软装设计成果交付及交付日期	软装设计方案电子档 + 纸质版 软装设计产品清单明细及报价的电子档 + 纸质版 要点：交付日期一般为 5 ～ 30 天
收费标准	项目面积　单价
付款方式	首付支付方式　尾款支付方式 要点：因软装设计属于创意性工作，当设计成果交付时，软装设计服务基本完成，所以住宅软装设计方案的付款方式，一般是一次性付清或分成 70%+30% 两次支付
双方责任	甲方责任　乙方责任
知识产权约定	要点：设计作品的著作权归乙方所有，甲方在未付清余款擅自使用设计作品属侵权行为
违约责任	双方对合约的履行　违约的处理方式
附则及其他	其他约定及附件的处理
甲乙双方签字及盖章	要点：乙方需加盖骑缝章，另代签合同需署明代签者名

扫二维码

获取《住宅空间软装设计合同》完整模板

2 商业空间软装设计合同的构成

①合同内容

一套完整的商业空间软装设计合同包含投标书和合同书两部分，且相关类目更加多样化、复杂化。

扫二维码

获取《商业空间软装设计合同》完整模板

投标书	√标书封面 √公司简介 √企业资质 √ ISO 管理体系认证 √投标函 √投标书附表 √近三年项目及案例展示说明 √现场组织人员的岗位及联系方式
合同书	√标准合同封面 √项目概况 √设计范围 √软装设计成果交付及交付日期 √收费标准 √付款方式 √双方责任 √知识产权约定 √违约责任 √附则及其他 √甲乙双方签字及盖章

②合同要点

方案呈现：软装设计方案通常是一式两份，打印标准为 A3 打印后精装成册；软装设计产品清单明细及报价通常是一式四份，打印标准为 A4 彩印。

交付时间：因商业空间时间上把控严谨，流程较多，所以软装设计成果交付及交付日期相较住宅更为严格，视项目大小交付时间一般为 5 ~ 15 天。

收费标准：商业项目的设计收费通常与产品采购捆绑打包确定，项目额度达标之后设计费相应折半，通常是整装含落地价格全包进行。

付款方式：商业项目的付款方式（含产品落地）通常分三次支付。签订合同时支付项目总额 30%，产品到现场时支付项目总额 40%，验收完成支付尾款 20%。通常对于大型，并且企业有硬性规定的商业项目，在尾款时还会扣留 10% 的质保金，质保金的时间通常为 3~12 个月不等。最后需要注意的是，商业项目的所有收入及支出都需开具税票。

三、软装产品采购合同的分类与构成

软装产品采购合同是设计方案被认可后，进入产品执行的阶段，以产品内容以及软装工程承包方式为主，所拟写的具有法律效力的文件。软装产品采购类合同更多会涉及到采购金额、采购方式、售后服务等内容，比较复杂。针对这类合同，如果需要将所有货款支付给供应商，则一定要保证客户在摆场之前按照工程进度按比例支付款项。

软装产品采购合同根据参与对象可以分成三个类别，即与客户签订的软装产品采购合同、与产品商家签订的软装产品下单采购书，以及落地执行时与施工方签订的工程安全责任协议书。

1 软装产品采购合同的构成（客户版）

类目	内容
标准合同封面	◎需包括软装产品采购协议书字样、设计公司 logo 和名称及日期
软装采购内容	◎详细清单为附件 ◎需了解项目具体包含的区域，以及是部分采购（只采购家具、灯具、窗帘等），还是所有软装产品采购与落地均需执行
软装承包方式	◎了解项目是否包含设计、产品落地、现场陈列摆设及其他约定
货款结算方式	◎要确定首付、二期款、尾款、质保金的支付方式 ◎住宅空间多为品牌产品，厂家对于品牌产品付款要求严格，款项未如期支付绝不发货，住宅空间的支付方式与商业空间存在一定差别。住宅空间在签订合同日需甲方支付项目的首期款 50%；家具、灯具、窗帘产品发货前支付项目的二期款 40%；摆场验收完毕支付项目的尾款 10%；住宅空间的产品一般有 1 ~ 3 年的后期服务，所以无质保金
软装采购执行时间	◎从采购合同签订日起算，住宅空间因一些进口品牌家具的制作及物流原因，所需时间为 30 ~ 90 天不等 ◎商业空间视项目大小、内容及进度情况，产品定制采购所需的时间在 28 ~ 45 天，也可以适当缩短或延长工期
包装及运输方式	◎根据产品类别包装方式不同，外包装需要注明项目名称、收货人、数量、产品编号及摆放位置等信息

产品陈列摆设	◎安装及摆场一般由工程部完成，同时需要软装设计师到场协助，摆场前要在总工期中提前 3~5 天告知甲方安排卫生清理工作 ◎摆场时间根据项目大小，一般为 2~5 天，但因软装货品到场需要验收，难免会出现一些产品数量不对或产品损坏需要调换的情况，所以在签定采购合同时还需约定 3~7 天的调场时间，调场时间不含在总工期内
双方责任	——
售后服务	——
违约责任	——
附则及其他	——

扫二维码
获取《软装产品采购合同》完整模板

2 软装产品下单采购书的构成

在与甲方确认完所有软装产品之后，接下来就进入采购环节。软装产品订货单通常由厂家出具（设计公司也可根据公司流程自己拟具），设计公司或软装设计师应根据产品采购书进行产品的款式、材质、规格大小、货期、付款方式、运输打包方式、税票等的确认。因软装产品的种类不一，采购书的具体内容也存在一定差异化，一般有家具订货单，灯具订货单，布艺订货单，地毯、装饰画订货单，以及饰品、花艺订货单等。

①家具订货单的主要构成

类目	内容
订货信息	◎包括订货单位、厂家联系人、厂家地址、产品订单号、订货日期等内容 ◎在厂家联系人中，要有跟单员、设计师、售后等至少三位对接人的联络方式
收货信息	◎包括产品收货人、地址电话、产品对接人的联系方式、出货日期等内容
产品明细	◎包括产品名称、产品编号、使用区域 / 位置、款式图片、尺寸规格、材质及工艺、数量、单价、总价、品牌、备注等内容
货款与包装方式	◎包括付款方式、收款信息、包装方式等内容 ◎包装方式从里到外应为: ①纸箱木架: 珍珠棉→泡沫→纸箱→木架; ②纸箱缝袋包: 珍珠棉→泡沫→纸箱→缝袋包等方式，明确包装方式是为了在拆包时对搬运拆装工人的工作量进行估算，便于安排人员数量及费用 ◎带脚椅产品需打脚钉及护角处理，可防止搬动时脚椅摩擦影响平稳以及边角磕碰等

要点

家具在下订货单之前设计师还需要制作一份家具采购清单给厂家，明确最终下单的尺寸、数量及每件家具的产品材质以及细节。

扫二维码

获取《家具采购清单》完整模板

出货及包装	◎包括出货方式、出货信息、产品包装体积等内容 ◎出货方式要确定是物流、快递或其他 ◎出货信息要包含物流公司名称、货品单号、相关联系人联系方式等，了解出货信息是为了及时跟踪货物到达情况，便于安排搬运及安装人员 ◎产品外包装需注明简略的项目名称、收货人、数量、产品编号及摆放位置 ◎因家具、灯具等定制品体积较大，通常是专线专车出货，了解具体的产品体积便于安排搬运人员。另外，产品体积决定所使用的车辆大小及市内运送时间
其他	◎确定是否包括运费、装卸费、税金、安装等信息 ◎确定交货标准、货期、产品质保及售后等信息 ◎确定报价的有效期，因材料价格浮动可能导致报价变化

家具采购清单

序号	产品名称	图片	规格（mm）	数量	单价	合计	木质	木饰面	金属色板	布料	油漆	金箔	雕花细节	石材	五金件	其他	备注	图片细节
F-01	多人沙发		L2300×D850×H840	1					拉丝钛金（见色板）	皮革							细节见最终家具确认图	
F-02	茶几		L900×W900×H450	1					拉丝钛金（见色板）					爵士白大理石			细节见最终家具确认图	
F-03	多人沙发		W2200×D850×H820MM	2			胡桃木框架		拉丝钛金（见色板）	布艺	封闭漆5分亮						细节见最终家具确认图	
F-04	角几		W500×H550	2					拉丝钛金（见色板）					爵士白大理石框架			细节见最终家具确认图	

②灯具订货单的主要构成

灯具订货单的主要构成与家具基本相同，个别需要注意的要点如下：

产品明细：在材质及工艺中需要写明灯泡的色温、光源型号、数量等信息，如有损坏或无法使用便于及时更换。灯泡的质量需选择保质期长的品牌。

包装方式：纸箱木架从里到外依次为透明薄膜→定型泡沫→纸箱→木架。

其他：要确定是否包含光源、运费、装卸费、税金、安装等信息。

③布艺订货单的主要构成

布艺多指窗帘部分，通常样板间和住宅空间也包含床品、抱枕、搭毯、桌旗等。窗帘与家具、灯具的不同点基本在于产品明细。产品明细项大部分根据窗帘厂家提供的下单模板填写，有布艺设计师的设计公司这一项基本由布艺设计师来填写。另外，窗帘内侧需要缝制厂家测量尺寸标签及安装位置，而挑高窗则需要考虑电动窗帘及电动机或遥控设备。总之，窗帘下单较为复杂，是软装设计师需要关注的重点方向。

类目	内容
订货信息	◎需要有厂家联系人中的跟单员、量尺工人、售后等三位对接人的联络方式
收货信息	◎需要有产品收货人、窗帘安装员及设计师的联系方式 ◎需要确定收货人的地址及出货日期等信息
产品明细	◎包括项目名称、物品编号、使用区域 / 位置、款式图片、尺寸规格等内容
货款与包装方式	◎包括付款方式、收款信息、包装方式等内容 ◎包装从里到外依次为薄膜袋→蛇皮袋→纸箱，产品外包装需注明简略的项目名称、收货人、数量、产品编号及摆放位置
其他	◎需要着重明确售后是否包含拆卸、清洗、熨烫等

④地毯、装饰画订货单的主要构成

地毯、装饰画订货单的类目及要点和家具、灯具大体相同。最终下单装饰画产品后，需要致电厂家沟通每件产品的细致工艺，如手绘画是否贴箔、外框是否加玻璃，实物画则需要沟通所用材质以及呈现效果等。另外，包装形式也需要加以注意，如装饰画的包装方式从里到外为边框纸护角→气泡膜→纸箱；地毯的包装方式从里到外为薄膜袋→蛇皮袋捆装。

⑤饰品、花艺订货单的主要构成

饰品所包含的种类较多，如饰品摆件、陶瓷器、工艺品、艺术装置品、收藏品等，除工艺品及艺术装置品外，其他的多为有图实物现货，订货单可按常规表格填写。根据每个厂家要求不同，饰品、花艺的清单表格与其他项产品的不同点集中在包装方式、交货标准上，制作订货单清单时稍微留意即可。

扫二维码

获取《软装产品订货单》完整模板

以上下单全部完成之后，需要把控好每项内容的时间节点，定期跟踪产品制作进度，货品发货后留意跟踪和保存物流信息。另外，凡是需要税票的项目一定要记得向厂家索要税票。

3 工程安全责任协议书的要点

《工程安全责任协议书》是根据工程施工安全制度管理规定，对软装产品的装卸、搬运、安装等施工操作进行制度化与规范化管理，以及提高施工人员人身安全意识，做好安全保护工作，所拟定的协议。协议书根据软装产品的种类、数量拟定，并在产品进场前与产品现场施工负责人签订。另外，针对一些工装项目，涉及到高空、室外等施工项目，项目整包承包人需要购买雇主责任险以及建工团体意外险。

扫二维码

获取《工程安全责任协议书》完整模板

4 合同签署及项目洽谈的注意事项

如今，合同的签署已经非常完善，设计公司通常都有法律顾问及统一的模板。合同签署一般由设计公司商务部门跟进完成，但作为软装设计师，对合同具体签署及细节内容应作了解。

①合同签署注意事项

软装采购承包范围及内容：需确认项目所涉及的内容及软装产品的内容，是否与甲方的约定无误。

款项支付比例应严格把控：软装采购款项支付的时间跨度、支付比例，以及尾款或质保金的比例、压款时间，应尽量和甲方谈到产品出货前支付 70% 以上。但需要注意的是，软装产品中的家具、灯具及大部分产品需要设计公司支付全款后厂家才会发货，这部分款项应计算在支付比例当中。尾款或质保金预留应不超过 5% ~ 10%，如果甲方对于支付条件太过苛刻，设计公司则会出现垫支，易导致后期资金无法流转的后果。因此，一定要对项目的款项支付进度严格进行把控。

把控签约时间及出货时间：签约时间代表合同即日生效、工程的出货时间已经开始，按时保质完成项目是合同约定中非常重要的一点。

签章时应注意加盖骑缝章：除了盖单位印章及授权代表签字外，凡超过一页的合同都需加盖骑缝章。

合同附件不容忽视：要注意合同有无附件以及附件与主合同的关系，并审查附件内容与主合同是否一致。大部分合同附件内容非常重要，应与主合同同等对待。

招标书信息需重点对待（主要针对工装项目）：招标书应注意开标时间节点、招标要求（是技术标，还是商务标等）及其他附件文本、招标书的应标回执、投标书等文本。另外，因招标公司的运作不一样，对招标的内容及要求也不一样，具体实施应以招标方和设计公司的实际情况来确定。

②项目洽谈的注意事项

如今，市场项目信息十分透明，一个经验丰富的甲方知道如何将项目信息通过各种渠道传播出去，吸引众多优秀的设计公司前来参与竞标。因此，软装设计师在进行项目洽谈时，要有独立判断、思考的能力，才能在众多竞争者中脱颖而出，完成项目合同的签订。

备注：从项目开始、方案制作到合同阶段，除了软装工作时的常规流程执行，在工装项目的洽谈中，有一些非常规流程的执行，同样会影响到合同能否成功签订。

客户判断：对将要开始的项目进行有效还是无效的判断，若有如下情况，大多属于无效项目。

*初步洽谈的过程中不是很愿意诉说需求，只是一味强调：先出个方案来看看。

*主动找上门来，但实际上已经有了完整方案，只需要一个清单报价（在沟通过程中，需进行自主判断）。

*主观意愿很强地认为设计属于免费服务类工作。

项目判断：了解项目信息时，要同时了解项目的启动人及背景。工装项目可在网上了解集团公司的实力，法人及合伙人的信息等。

*从与主接洽人洽谈，以及甲方相关陪同人员的沟通中，了解甲方部门负责人对项目的看法和期望。

*了解甲方过往的项目付款方式，判断现在的项目付款方式是否在其接受范围之内，同时应作出资金到位情况的判断。

*了解甲方此次项目的主要负责人有哪些，工装项目的决策权通常在领导，哪些项目负责人拥有投票权。

*了解竞争对手公司有哪些，各自擅长的业务范围以及实力，便于在封标前做出相应的对策。

商务公关：对于项目主要负责人进行必要的商务公关十分必要，首先需确定负责人以及公关方向。

*商务对象是老板时：一般比较看重产品质量、价格、售后服务以及公司的实力。

*商务对象是项目负责人及部门领导、财务成控时：则因人而异，投其所好，其次才是产品价格、质量、售后服务以及公司的实力。

其他事项：

*判断甲方项目负责人是否能够做到真正的负责。

*了解甲方项目部门负责人有无离职、转岗迹象，以保证后续工作的合作顺畅度。

*了解与判断甲方项目中各个部门的架构以及关系，做好相应的沟通方式及应对方式。

第四章
软装产品清单及物料板

一般新手软装设计师会认为做好了设计方案就等于做好了软装，实际上只有深入了解软装产品，才是做好软装设计的关键所在。如果说方案设计是对整个项目绘制的一幅蓝图，那么产品的把控就是项目蓝图的落地执行。本章将对软装产品清单的制作、物料板的制作，以及常用软装产品的相关信息进行梳理，帮助软装设计师找到快速制作产品清单和物料板的技巧，以便高效率地推进软装落地工作。

一、软装产品清单的制作

软装产品清单在整个软装设计流程中起着承上启下的作用，连接着软装设计方案和软装产品下单落地执行。在制作产品清单时，需要依据项目硬装施工图和软装设计深化方案同时进行。

1 软装产品清单的制作步骤

步骤一：对应施工图

做软装产品清单之前，应对各分类施工图的情况做到了然于胸，并要结合平面施工图、吊顶吊灯施工图、开关插座施工图及立面施工图确定软装产品的数量、尺寸和位置。

平面施工图：充分了解施工图上的房间面积、空间层高、房间长宽、家具尺寸等。只有了解了这些数据，才能有目标地选择软装产品。同时，根据平面施工图可以确定清单中的空间区域和家具、窗帘、地毯、台灯、落地灯、花艺的摆放位置、尺寸和数量，以及挂画、饰品的位置。

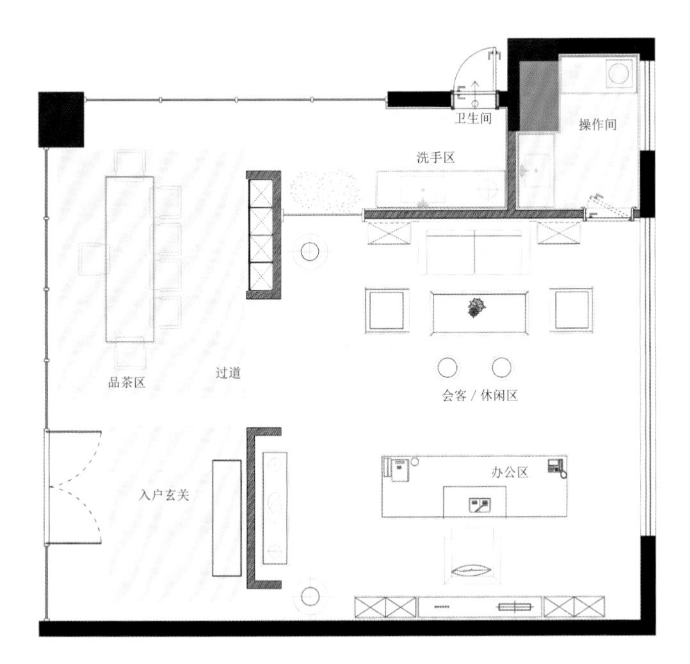

▲ 通过平面施工图可以了解到该办公室项目分成玄关区、品茶区、会客 / 休闲区、办公区、操作间、洗手区六大区域

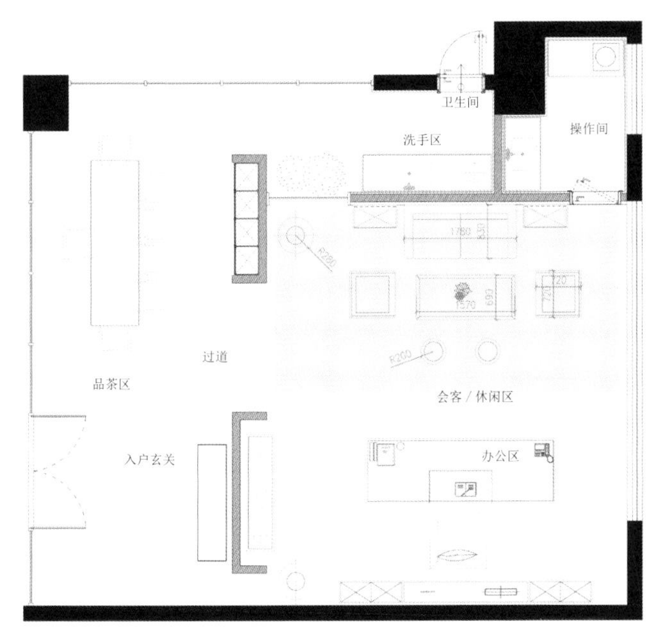

▲ 细化到会客 / 休闲区，可以详细规划软装单品的数量、尺寸和应用位置

双人沙发	1 件	1780mm × 830mm
单人沙发	2 件	720mm × 720mm
茶几	1 件	1570mm × 690mm
边凳	2 件	Φ400mm
落地灯	1 件	Φ560mm
花艺饰品可摆放的位置：茶几、靠柜		

吊顶吊灯施工图：根据吊顶施工图可以规划吊灯的位置、尺寸、数量、类型以及窗帘的高度。若灯具方面没有特殊要求，筒灯和射灯一般归硬装施工方进行配备，软装设计只需要配备主吊灯、吸顶灯、台灯、壁灯和落地灯。

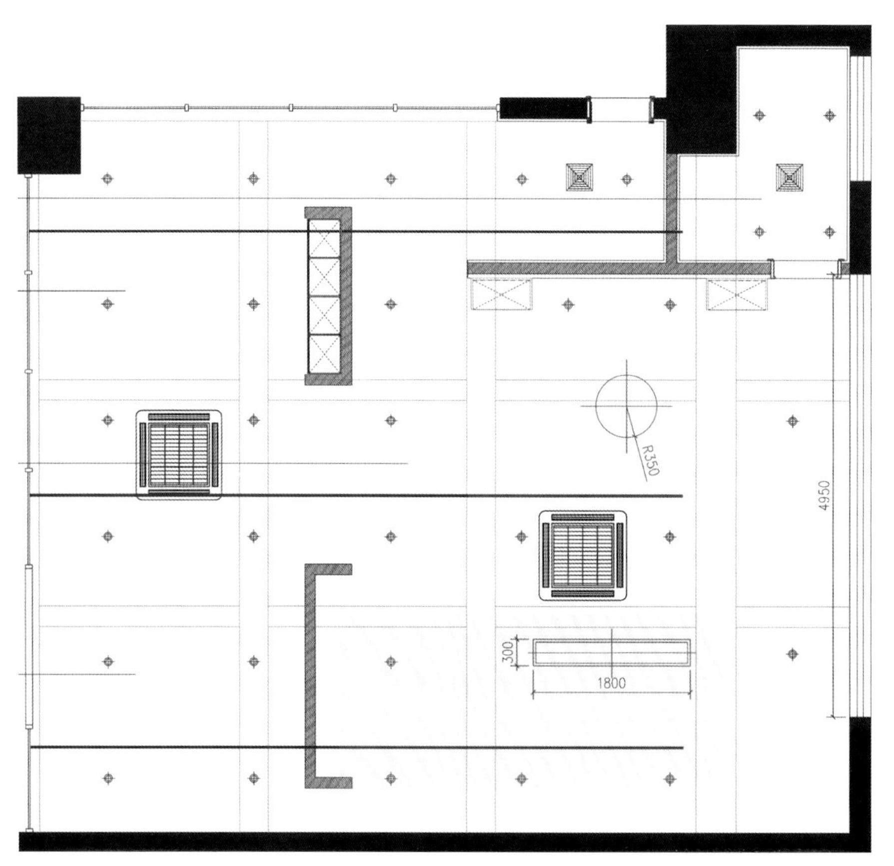

▲ 细化到会客 / 休闲区、办公区域，可以详细规划软装灯具的数量、尺寸和应用位置

会客 / 休闲区	吊灯	1 盏	Φ700mm
办公区	吊灯	1 盏	1800mm × 300mm

地面材质施工图：根据地面材质施工图可以确定哪些区域设有地毯，就可以做地毯的设计考虑。

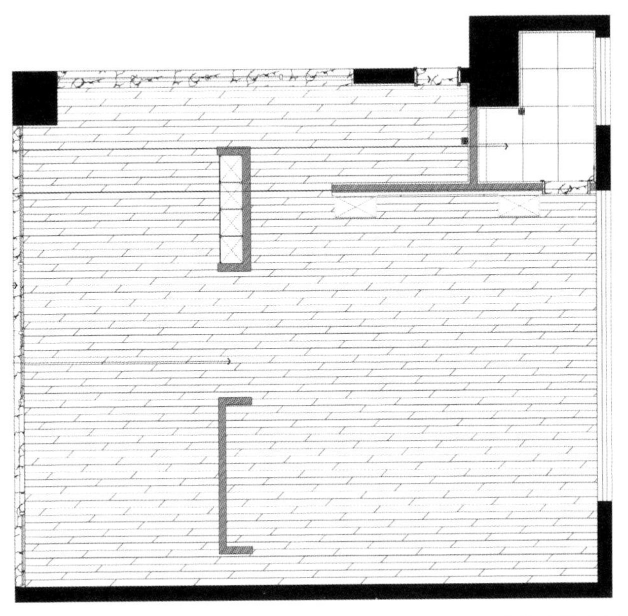

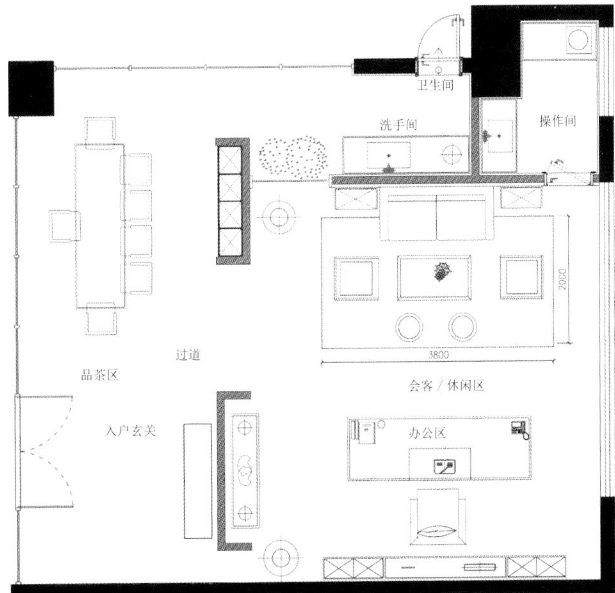

▲ 从地面材质施工图可以看到整个地面用的是木地板材质，因此在会客 / 休闲区根据家具摆设铺设地毯即可增加空间的层次感

会客 / 休闲区	地毯	1 块	2000mm × 3800mm

开关插座施工图：根据开关插座施工图可以明确台灯及落地灯的具体数量。

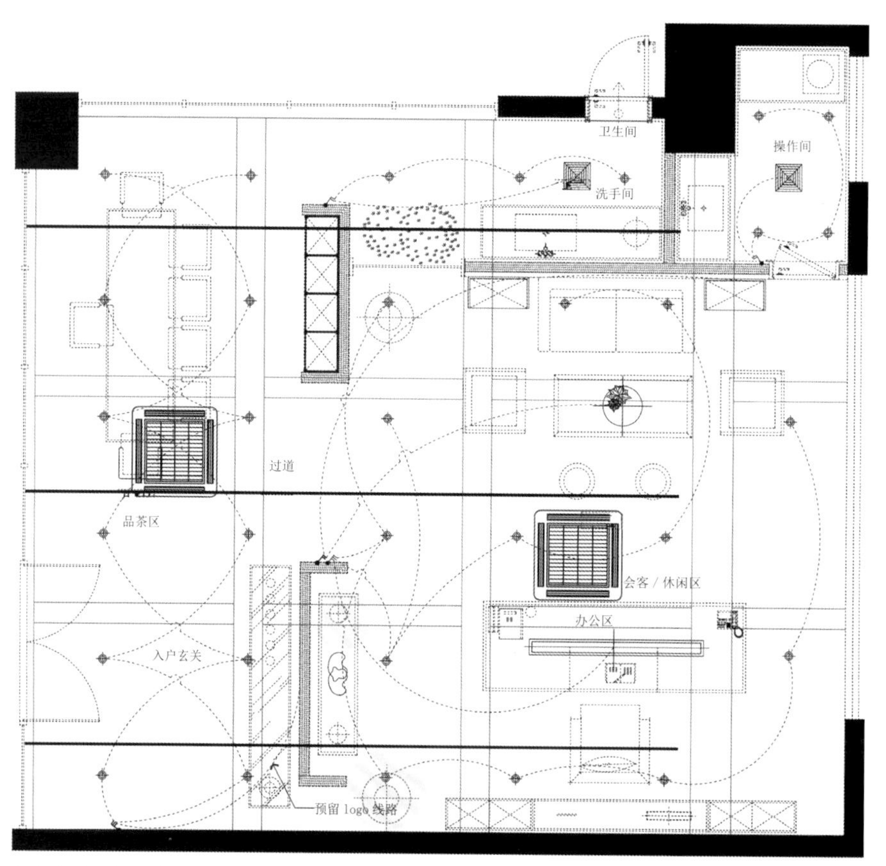

▲ 细化到会客 / 休闲区、办公区域，可以详细规划软装台灯及落地灯的数量

区域	灯具	数量
会客 / 休闲区	落地灯	1 盏
办公区	落地灯	1 盏
	台灯	1 盏

立面施工图：根据立面施工图可以规划装饰画的位置、数量及尺寸。

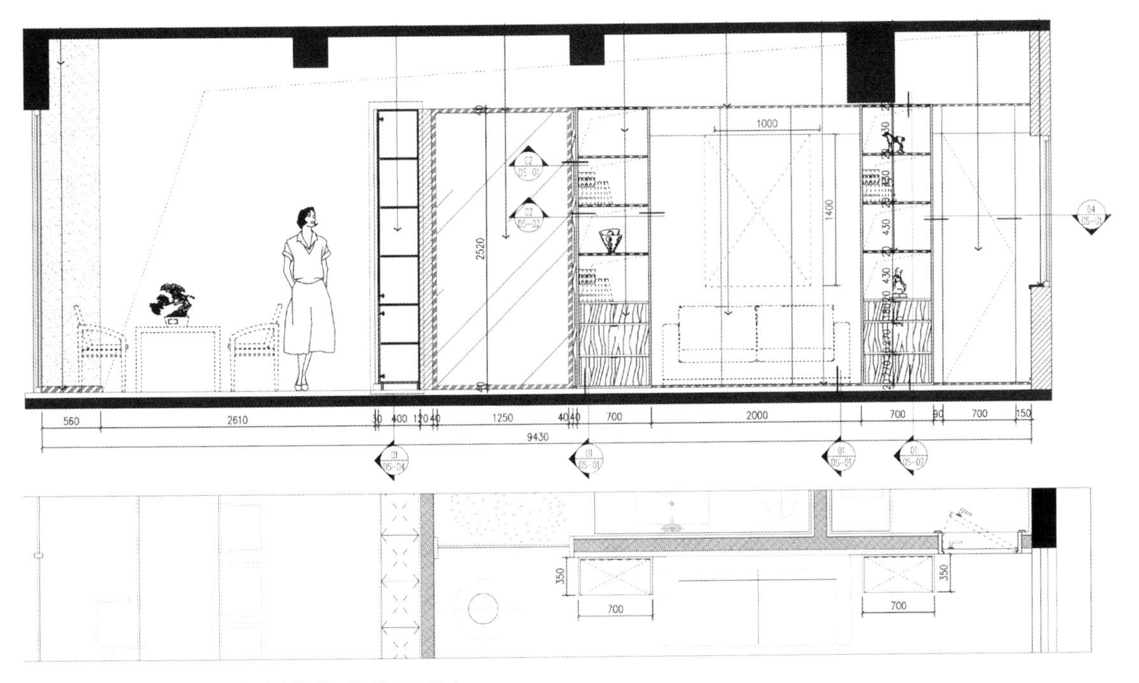

▲ 细化到会客 / 休闲区，可以规划装饰画的数量及尺寸

会客 / 休闲区	装饰画	1 幅	1000mm × 1400mm

步骤二：对应软装深化设计方案

对应软装深化设计方案可以明确每个区域的产品款式及初步的材质工艺。

▲ 根据上述施工图所对应的深化设计方案，可以大体获知会客/休闲区的产品基础材质、工艺

双人沙发	1 件	灰色布艺坐面 + 金属沙发脚
单人沙发	2 件	黑白格纹布艺坐面 + 金属椅腿
茶几	1 件	古铜色拉丝金属
边凳	2 件	绀青色绒面软包 + 橙色皮革
落地灯	1 件	黑色金属灯体 + 黑色布艺灯罩

步骤三：对应产品内容与产品清单

根据以上相应的施工图及软装深化设计方案，可以将产品内容信息填写在相应的软装产品清单表格中。

物品编号	区域/位置	物品名称	款式图	材质工艺	尺寸规格（mm）	数量	单位	单价	总价	备注
FU-01	会客/休闲区	双人沙发		灰色布艺坐面+五金沙发脚	1780×830	1	件			
FU-02		单人沙发		黑白格纹布艺坐面+五金椅腿	720×720	2	件			
FU-03		茶几（方）		古铜色拉丝金属	1570×690	1	件			
FU-04		边凳		绀青色绒面软包+橙色皮革	Φ400	2	件			

▲ 表格中的尺寸规格项后续需根据实际情况做调整

2 审图、改图

①审图

初步的软装清单制作好之后，工作并未结束，一个优秀的软装设计师还需要深入思考如下问题：现在设计的家具尺寸是否合适？家具是否还有更好的组合、摆放方式？家具与空间中的窗帘、地毯、装饰画的搭配是否协调？整体方案设计的空间感是否舒适、合理？

有了这些深入思考之后，就会对平面图、家具等产品的尺寸等细节方面进行全面的统筹规划，并对原先方案中的不合理或不到位之处做出合适的修改及调整。

②改图

平面施工图的调整：对家具的组合方式进行优化，能最大限度地利用空间。而修改尺寸，一则是因为很多硬装设计师对软装的尺寸考虑没有软装设计师细致全面，所以需要对尺寸进行调整，二则是使用家具常规尺寸可避免因定制抬升造价。

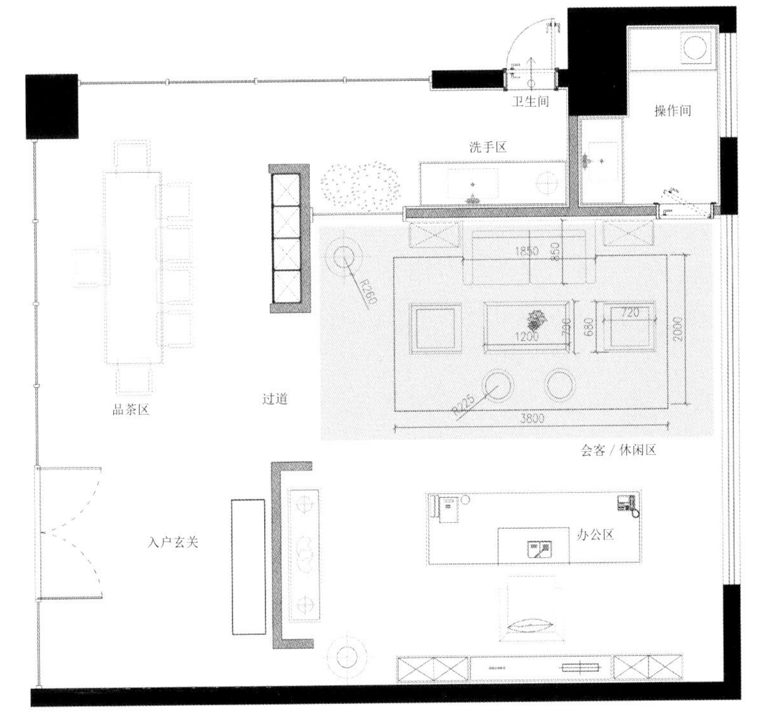

▲ 修改后的平面施工图

修改后尺寸	
双人沙发尺寸	1850mm × 850mm（常规小三人沙发尺寸）
单人沙发尺寸	680mm × 720mm（常规休闲沙发尺寸）
方几尺寸	1200mm × 700mm（方几常规常用尺寸）
边凳尺寸	Φ450mm（圆凳常规尺寸）
落地灯	Φ520mm（大号落地灯底座常规尺寸）

软装产品清单调整：清单上的数据调整仅是对产品常规尺寸的调整，需要软装设计师掌握每件产品的常规常用尺寸，但最终尺寸还是要经复核现场做实地最终的确认。

物品编号	区域/位置	物品名称	款式图	材质工艺	尺寸规格（mm）	数量	单位	单价	总价	备注
FU-01	会客/休闲区	双人沙发		灰色布艺坐面+五金沙发脚	1850×850	1	件			
FU-02		单人沙发		黑白格纹布艺坐面+五金椅腿	680×720	2	件			
FU-03		茶几（方）		古铜色拉丝金属	1200×700	1	件			
FU-04		边凳		绀青色绒面软包+橙色皮革	Φ450	2	件			

▲ 根据平面施工图中的数据调整更改产品清单中的数据

3 软装产品清单的分类及表格知识

软装产品清单的内容每家公司略有不同，但大体包括如下内容：物品编号、区域位置、物品名称、款式图、材质工艺、尺寸规格、数量、单位、单价、总价和备注等几部分。其中，区域位置表示每件产品在项目现场所摆放的区域，款式图就是所在区域的产品样式，材质工艺标明了每件单独产品所需的制作材料，尺寸规格、数量即是每件产品在项目现场的实际尺寸以及下单数量。

①软装产品清单的分类

软装产品清单常用的分类方式有两种，一种为从品类到空间，另一种为从空间到品类。

从品类到空间：项目中的常规做法，这种分类的优点是能够快速检查以及核对品类中的单个产品，快速统计数量、总价以及汇总。

XX项目软装产品清单（家具）										
物品编号	区域/位置	物品名称	款式图	材质工艺	尺寸规格（mm）	数量	单位	单价	总价	备注
FU-01	会客/休闲区	双人沙发		灰色布艺坐面+五金沙发脚	1850×850	1	件			
FU-02		单人沙发		黑白格纹布艺坐面+五金椅腿	680×720	2	件			
FU-03		茶几（方）		古铜色拉丝金属	1200×700	1	件			

先品类：家具

后空间：会客 / 休闲区

从空间到品类：更适合家装项目，便于客户自行统计，或是下单采购的产品数量不多时，可采用此种软装产品清单形式。

XX项目软装产品清单									
会客/休闲区									
物品编号	物品名称	款式图	材质工艺	尺寸规格（mm）	数量	单位	单价	总价	备注
1	双人沙发		灰色布艺坐面+五金沙发脚	1850×850	1	件			
2	落地灯		黑色金属灯体+黑色布艺灯罩	1650×520	1	件			

先空间：会客 / 休闲区

后品类：双人沙发、落地灯等其他产品

②软装产品清单表格的基础知识

软装产品清单的基础知识是指在制作表格时需考虑行高、列宽的实际适合尺寸，以及字体、字号的样式和大小，这样的表格内容才能清晰、明了，保证打印时清单整体页面的美观易读。

XX项目软装产品清单（家具）										
物品编号	区域/位置	物品名称	款式图	材质工艺	尺寸规格（mm）	数量	单位	单价	总价	备注
FU-01	会客/休闲区	双人沙发		灰色布艺坐面+五金沙发脚	1850×850	1	件			
FU-02		单人沙发		黑白格纹布艺坐面+五金椅腿	680×720	2	件			
FU-03		茶几（方）		古铜色拉丝金属	1200×700	1	件			

项目名栏：行高 50~70；字号 16~20/ 加粗

产品信息栏：行高 25~30；字号 11/ 加粗

产品内容栏：行高 80~105；字号 9~10

其他栏：行高基本保持在 25~30，部分根据实际内容调整

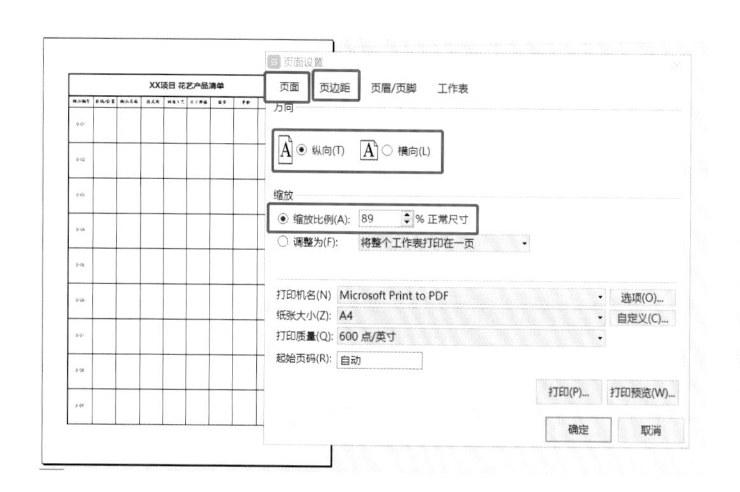

打印时，首先需要打印预览看看页面是否合适，如果不合适需要在页面设置中对页面的横向或纵向缩放比例及页边距进行调整，直到调整到适宜打印的比例为止。

4 软装产品常规尺寸

软装产品有定制产品和成品两种，定制产品的尺寸是根据客户需求来定的，其尺寸很难给出具体标准，但应在满足客户需求的情况下考虑人体工程学，以及定制产品的款式、比例等因素。另外，尽管软装产品的尺寸较多，但仍需了解各类软装产品的常规尺寸，这样便于在制作软装产品清单时，能够快速对施工图进行修改及调整，以便提高工作效率和快速报价。

定制产品的尺寸要点：成品软装产品若订购的尺寸不合适，可以找购买方进行调换。但定制软装产品则完全根据客户要求量身定制，如果由于设计原因无法使用，这些产品将很难进行二次销售，造成的损失只能由设计公司或软装设计师自己买单。所以在定制之前一定要仔细考虑软装产品的尺寸。

软装产品的尺寸要点：在确定软装产品的尺寸时，不仅要考虑产品本身的使用尺寸，同时还要考虑产品搬运过程中会涉及到的其他相关尺寸。即使软装产品的使用尺寸准确无误，但与之相关的入场尺寸也必须考虑，如过道宽度、电梯大小、入户门的高宽尺寸、室内楼梯的尺寸等。避免一些大件软装产品由于没考虑搬运因素，导致无法被搬运到指定空间的状况发生。

①家具的尺寸（由于风格及款式不同尺寸会有所不同，仅供参考）

单人沙发	坐面宽 520 ~ 680mm；坐面深 650 ~ 700mm；坐面高 410 ~ 450mm；靠背高 750 ~ 1080mm
双人沙发	总宽 1460 ~ 1750mm；总深 750 ~ 900mm；坐面高 410 ~ 450mm；靠背高 720 ~ 1080mm
三人沙发	总宽 1850 ~ 2050mm（小三人），总宽 2100 ~ 2300mm（大三人）；总深 750 ~ 950mm；坐面高 410 ~ 450mm；靠背高 720 ~ 1080mm
四人沙发	总宽 2350 ~ 2700mm；总深 750 ~ 980mm；坐面高 410 ~ 450mm；靠背高 720 ~ 1080mm
茶几（方）	台面 900mm×900/1000mm×1000/1000mm×600mm/1200mm×600mm/1400mm×700mm；台高 350 ~ 470mm
电视柜	台面长 1560 ~ 2400mm；台面宽 350 ~ 450mm；台面高 220 ~ 510mm
茶几（圆）	Φ800/900/1000/1100/1200mm；台高 350 ~ 470mm
角几（圆）	Φ400/500/600mm；台高 460 ~ 630mm
边几（方）	台面 450mm×450mm/500mm×500mm/550mm×550mm/450mm×550mm；台高 550 ~ 650mm
餐桌（方）	台面长 1200 ~ 2000mm；台面宽 700 ~ 1000mm；桌高 750mm
餐桌（圆）	家用台面 Φ1200 ~ 2000mm，商用台面 Φ1200 ~ 3400mm；桌高 750mm（注：1.2m 以上需考虑转盘，2.4m 以上需考虑电动转盘）
餐椅（成人）	坐面宽 420 ~ 520mm；坐面深 400 ~ 560mm；坐面高 450mm
睡床	儿童床：长 1900 ~ 2000mm；宽 1200 ~ 1500mm 单人床（1.5m 床）：长 2000mm；宽 1500mm 双人床（1.8m 床）：长 2000 ~ 2200mm；宽 1800 ~ 1910mm 备注：因睡床的特殊性，床体尺寸根据结构实测略有不同，均以 1.5m 和 1.8m 为标准
装饰柜	台面长 800 ~ 2400mm；台面宽 400 ~ 450mm；台面高 650 ~ 900mm

玄关及 / 柜	台面长 1000 ～ 1750mm；台面宽 300 ～ 480mm； 台面高 700 ～ 890mm
茶座	台面长 1200 ～ 2200mm；台面宽 600 ～ 1000mm；桌高 600~750mm
会议桌	台面长 1400 ～ 5000mm；台面宽 600 ～ 1400mm；桌高 750mm
大班台	台面长 1600 ～ 2800mm；台面宽 700 ～ 900mm；桌高 750mm

②常规灯具的尺寸（由于风格及款式不同尺寸会有所不同，仅供参考）

单头吊灯	Φ150 ～ 400mm，高度根据现场定
双层吊灯	Φ700 ～ 1200mm，高度根据现场定
艺术吊灯	Φ650 ～ 1500mm，高度根据现场定
壁灯	Φ100 ～ 280mm；高度 100 ～ 800mm
台灯	Φ150 ～ 400mm；高度 350 ～ 780mm
落地灯	Φ300 ～ 520mm；高度 1300 ～ 1800mm
户外地灯	Φ130 ～ 200mm；高度 400 ～ 1000mm

③常规地毯的尺寸（由于风格及款式不同尺寸会有所不同，仅供参考）

按形状划分成品地毯的常规尺寸：

方形地毯	800mm×1200mm/1000mm×1600mm/1400mm×2000mm/1600mm×2300mm/2000mm×2900mm/2400mm×3400mm/3000mm×4000mm
圆形地毯	Φ1000~4000mm

常规成品地毯适用于的空间尺寸：

客厅	◎ 1600mm×2300mm 适用于长 1850mm 的双人沙发 ◎ 2000mm×2900mm 适用于长 2250 ～ 2400mm 的三人沙发 ◎ 2400mm×3300mm 适用于长 2200mm 以上的 L 型沙发

卧室	◎常用的尺寸为1400mm×2000mm（小）和1600mm×2300mm（大）；其中小号地毯适用于房间较小的卧室，1.5m的床则大小号地毯都适用 ◎尺寸为2000mm×2900mm的地毯适用于开阔的卧室，且1.8m及1.8m以上的床均适合此种尺寸的地毯
其他空间	◎书房或儿童房可考虑圆毯，适用的常规选择尺寸为Φ1.2m，Φ1.5m，Φ2m

④常规床品的尺寸（由于风格及款式不同尺寸会有所不同，仅供参考）

按常见种类划分床品的常规尺寸：

床单 / 床笠	1500×2000+250mm（1.5m床）/1800×2000+300mm（1.8m床）
被套	宽：2000~2400mm；长：2300~2600mm
靠枕 / 抱枕	450mm×450mm/500mm×500mm/600mm×600mm/650mm×650mm
腰枕	300mm×500mm
长枕	480mm×740mm
搭毯	700mm×2300mm

不同睡床对应的床品尺寸：

类型	睡床尺寸（m）（宽×长）	被罩尺寸（cm）（宽×长）	被芯尺寸（cm）（宽×长）	床单尺寸（cm）（宽×长）	床笠尺寸（cm）（宽×长）
单人床	1.2×2	180×230	150×200	190×245 200×230	120×120
双人床	1.5×2	220×240	200×230	230×250 240×250 245×250	150×200 153×203
双人床	1.8×2或2×2.3	240×260	220×240	235×245 245×270 250×270	180×200

⑤常规装饰画的尺寸（由于风格及款式不同尺寸会有所不同，仅供参考）

按形状划分成品装饰画的常规尺寸：

方形装饰画	500mm×500mm/600mm×600mm/700mm×700mm/800mm×800mm/900mm×900mm/1000mm×1000mm/1200mm×1200mm
长方形装饰画	400mm×600mm/500mm×700mm/600mm×800mm/600mm×800mm/800mm×1200mm/900mm×1200mm/1000mm×1400mm
竖幅装饰画	430mm×1230mm/530mm×1530mm/630mm×1830mm
横幅装饰画	1350mm×300mm/1500mm×450mm/1800mm×500mm
圆形装饰画	Φ300~1200mm

常规装饰画适用于的空间尺寸：

客厅	◎ 1800mm×900mm 的小型组合画适用 1850mm~2250mm 的三人沙发 ◎ 2100mm×1150mm 的大型组合画适用 2250mm 以上的四人沙发或多人沙发 ◎单幅挂画可双联或三联组合，可以选择如下尺寸：400mm×600mm，500mm×500mm，500mm×700mm，600mm×600mm，600mm×800mm，800mm×800mm
餐厅	◎竖型联画可以选择 1500mm×400mm 的尺寸 ◎单幅挂画可双联或三联组合，可以选择如下尺寸：400mm×600mm，500mm×500mm ，500mm×700mm，600mm×600mm，600mm×800mm，800mm×800mm，1000mm×1000mm
卧室	◎ 1350mm×350mm 的横条挂画适用于 1.5m 的睡床 ◎ 1500mm×400mm 的横条挂画适用于 1.8m 的睡床 ◎单幅挂画可双联或三联组合，可以选择如下尺寸：400mm×600mm，500mm×500 mm，500mm×700mm，600mm×600mm，600mm×800mm，800mm×800mm
玄关 / 其他空间	◎单幅挂画可选择如下尺寸：600mm×1000mm， 800mm×1200mm，800mm×800mm，1000mm×1000mm

5 快速制作软装清单表格

表格的功能非常强大且全面，为了提高工作时的效率，需要掌握一些快速制作产品清单的技巧。

①软装清单的制作步骤

第一步：新建空白表格→建立产品品类（汇总、家具、灯饰、布艺、装饰画、地毯、饰品、花艺）

第二步：建立项目名栏、产品信息栏、产品内容栏→输入行高、列宽

第三步：填入产品内容

第四步：灵活使用产品内容栏

②快速制作软装清单的技巧

快速物品编号栏：选中表格栏，把鼠标移至表格右下角，当出现“+”号，按住鼠标左键下拉，即可快速得出编号顺序。

快速算出产品利润：活用“＝”号公式，即在利润栏输入公式：＝单价 ×1.2，按回车键，即可得到利润。

物品编号	区域/位置	物品名称	款式图	材质工艺	尺寸规格（mm）	数量	单位	单价（元）	利润	总价（元）	备注
FU-01		双人沙发		灰色布艺坐面＋五金沙发脚	1850×850	1	件	1800	2160		

快速算出产品总价：灵活使用“＝”号公式，即在总价栏输入公式：＝利润价 * 数量，回车键，即可得到总价。

物品编号	区域/位置	物品名称	款式图	材质工艺	尺寸规格（mm）	数量	单位	单价（元）	利润	总价（元）	备注
FU-01		双人沙发		灰色布艺坐面＋五金沙发脚	1850×850	1	件	1800	2160	=J4*G4	

快速算出产品数量/合计/总计：选中所有数量/价格栏，点击自动求和 “Σ”（X 轴行算或 Y 轴列算）。

快速在汇总栏导入数量/金额总计：灵活使用“＝”号公式，如：在汇总页面数量栏输入“=”，再翻到家具对应页面，点击数量的总和，按回车键，即可得到汇总家具的数量（在家具数量产生变化时，汇总页面也会相应变化）。

序号	物品种类	数量	单位	总金额（元）	备注
1	家具	=' 家具 '!H62	件		

二、软装物料板的种类与制作

软装产品清单完成之后，软装设计师需要根据设计方案和清单中的材质、工艺制作材料样板，即“软装物料板”。

软装物料板是将软装产品的色板、面料、色线、配饰等材料小样组织在一起，经过排版展现物料色彩、材质、图案缩小后的视觉表达，同时也是整体主题设计的美化表达，能够提供给客户空间氛围直观的感受，进一步理解软装设计方案的主题。物料板一般用于软装深化方案汇报时，向客户展示软装产品所选面料、物料的光泽、色彩搭配和材质质感。

1 软装物料板的种类

①电子物料板

电子物料板的制作一是根据方案在网上找到产品相关的材质素材图片，再用 Photoshop 软件合成一张物料版面加入深化方案中；二是从公司物料库找到方案所用的面料、色板，将其拍照，用 Photoshop 软件合成为一张版面加入深化方案中。

电子版物料板能够清晰地表达空间的主题氛围和色彩，但缺点是不能直接感受材质质地。另外，不同的电脑打开电子物料板，会出现色差。另外，如果是用素材图片来做物料板，可能造成找不到供应商，导致产品无法落地的局面。

图片素材物料板

实物物料 + 方案素材

②实物物料板

实物物料板就是将方案中所提及的材质、面料、配饰通过剪、摘取或折叠等不同的设计手法将其拼铺、粘贴在一块展板上。通过物料板的色彩和材质表达，缩小版的物料拼贴，可以直观地感受整个空间的效果和氛围及材质的质地。

空间整体配色协调	物料材质统一
物料版面构图和谐	空间核心主题明确

▲ 优秀的物料板所具备的四个要素

2 实物物料板的制作

制作实物物料板时需要有完整的软装深化方案和软装产品清单。另外，还需要准备一些相关的制作工具，如双面胶、剪刀、展板等。为了效果能更加直观，也可以将软装深化设计方案的彩图打印出来，一起粘贴在物料板上。此外，杂志上介绍的一些不错的家居风格图或单品图也可剪下来用在物料板上。

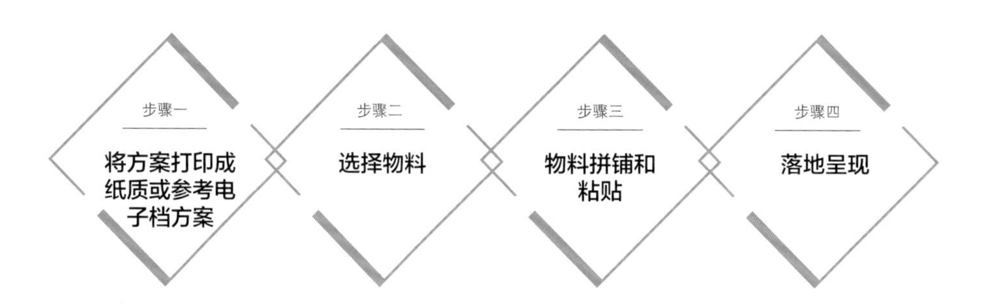

步骤一：将方案打印成纸质或参考电子档方案

▲ 软装设计深化方案

分析方案中所用到的色调：米灰色为主色调，为了活跃空间视觉，选用了橙蓝色做对比色。

分析方案中所用到材料：如家具面板、材质、漆色、沙发面料、吊灯的水晶棒、窗帘面料、地毯的色号、装饰画的画框、抱枕面料和样式及饰品配饰。

分析方案的风格定位：比如，这个空间是一个现代轻奢的空间，通过用一些亮色的材质或油漆漆面来体现现代感，并选择黄铜材质和平绒质地来表现品质感。

步骤二：选择物料

应在自然光下选择物料，以免产生色差。同时准备好标签纸和纸笔，将所选择的物料作标签并记下来，并将型号拍照。需要注意的是，由于一些布板的特殊性不允许裁剪，需将布板拍摄下来，然后用 Photoshop 软件制成电子档，便于查看整体物料的设计。另外，选择物料时应按照由整体到局部的顺序，即家具→布艺→窗帘→灯具→装饰画框→抱枕→地毯→花艺→饰品。

步骤三：物料拼铺和粘贴

选择好物料之后，需将所有的物料先拼铺在一张展板上，确定好排版方式之后再粘贴。

步骤四：落地呈现

即“设计方案→物料板→最终效果”的呈现。如果部分物料因为物料库缺料等原因，可暂时不在物料板中呈现，但重点的物料一定要呈现，比如沙发面板、沙发面料、窗帘面料等。

设计方案　　物料板

最终效果

要点

产品清单和物料板的变更：对于产品清单和物料板的材质变更事项，双方都需提供文字说明，并明确责任以及因变更产生的费用，在得到客户与设计方认可签字后才能进行变更。

同类型产品尽量由同一厂家制作：为了避免色板、面料、材质、工艺出现不统一的情况，下单时同类型产品尽量选择由同一厂家制作。有些设计公司考虑到成本和制作时间，会将同一类型产品下单至不同的厂家，因此设计师需要在材质、色板、油漆、工艺上做更细致地把控与审核。

3 软装物料的选择

①从设计公司物料库选择

通常软装设计公司都有自己的软装物料库，物料库里有长期合作的供应商提供的家具油漆色板、金属小样、面料；灯具的金属色板、水晶玻璃、布艺灯罩样本；窗帘的面料、花边、挂钩挂球样本；地毯的色线，装饰画的画框等。软装设计师可根据方案及清单直接在物料库中进行选择。

②由供应商根据产品清单寄送小样

并不是所有的产品物料都能够在公司物料库找到，因为每个家具厂的工艺都不一样，因此像油漆色板、特殊面料等这类需要根据清单中的家具产品即时制作小样，一般家具厂会根据清单产品图片以及对产品的理解，制作 1~3 款的小样寄给设计师，以供选择。

第五章
产品下单、验收

在软装项目中，方案的完成仅是完成了整个软装流程的 20%，产品下单落地执行才是整个软装流程的关键所在。软装涉及的产品种类众多又繁杂，这就需要对产品工艺、材质等相关知识有一定的掌握。本章将细致地梳理软装每项产品的下单流程，讲解厂家对接、不同环节的客户沟通等内容，帮助软装新手设计师进行软装产品下单。

一、软装产品下单的前期准备工作

1 软装产品下单前的准备

首先把最终确认的合同清单中的各项产品单独列出来，用以制作下单清单，这份清单的主要用途是厂家询价以及厂家报价，需要删去价格栏及其他无关信息。同时，除了物品编号、区域位置、物品名称、款式图之外，家具下单部分需详细列出家具的材质、金属色板、面料、石材、油漆等详细的工艺制作（无法确定的部分可标注“见色板”）。另外，最好在备注栏多留一些空间，用来填写一些单件产品的相关重要信息，如特殊工艺、图片细节等。

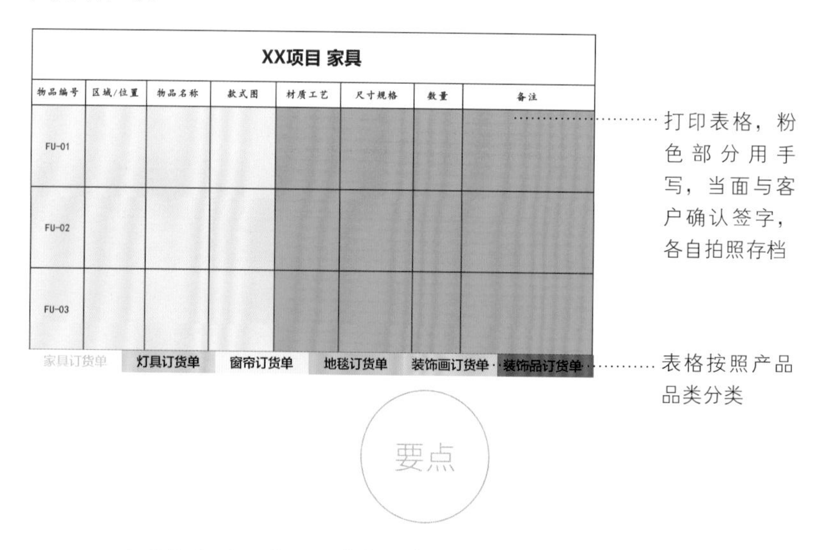

XX项目 家具

物品编号	区域/位置	物品名称	款式图	材质工艺	尺寸规格	数量	备注
FU-01							
FU-02							
FU-03							

要点

由于软装项目最终下单基本参照合同清单进行，所以对于空间、插座、灯线等尺寸及数量需要现场再次一一进行细致复核、确认。同时，软装产品需要在CAD上放样，根据图纸放样尺寸到现场核对。其中，窗帘的尺寸一定要以订货单及最后测量为准。

2 软装产品下单的采购流程

软装产品的采购主要包括成品购买和产品定制两种方式。针对不同的采购方式，有不同的采购流程。在采购过程中，软装设计师应预判价格受采购方式影响产生的波动是否在成本能够控制的范围之内。另外，还要把控采购流程与采购供货周期，以便节省时间成本。

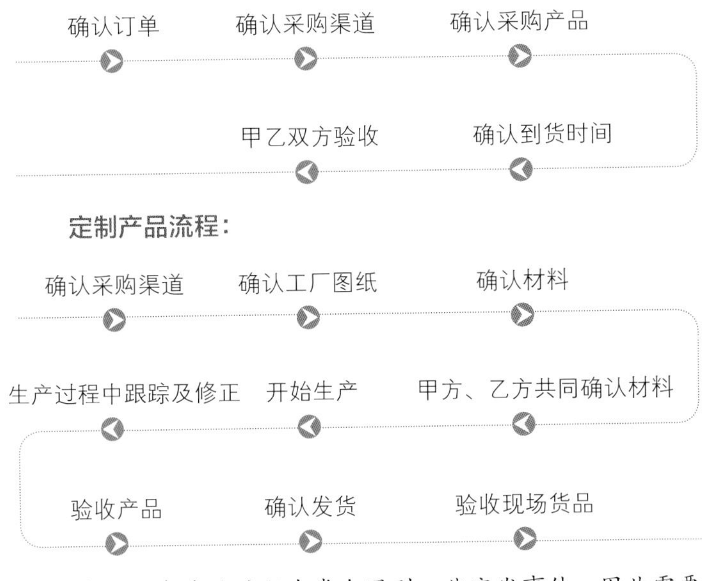

备注：在采购过程中常会遇到一些突发事件，因此需要软装设计师在确认的过程中注意每个细节，尽量避免问题的发生。

3 软装产品的采购时间节点

软装产品的下单采购顺序根据采购货品、采购方式和采购地点的不同，所需的采购时长也有所不同。虽然在下单采购时有部分产品可交叉进行，但常规下单顺序如下：家具→灯具、布艺→装饰画、地毯→装饰品、花艺。

备注：如有大型雕塑艺术品需要定制，应在灯具、布艺之前下单。

①常见家具的采购时间节点

品类	采购时长	要点
进口品牌家具	30~90 天	◎这类家具基本是国内选样预订或海外选购下单 ◎海外原装进口产品，为保证产品质量和品牌效应，基本不接受更换尺寸与面料
品牌家具	现货 7~15 天 非现货 25 ~ 60 天	◎品牌家具分现货款和非现货款，如果尺寸合适有现货即可直接预订打包 ◎非现货产品需要定制，品牌家具定制一般能接受小的尺寸改动和调整，面料和颜色有规定的几种可选，也可适当更换
定制家具	28 ~ 45 天	◎定制家具的范围广且灵活，只需将一张家具产品图或一张产品手绘稿交给厂家，工厂就能按照图片绘制制作出来 ◎常规款的定制家具，其产品尺寸、面料、色彩可以根据空间、风格进行更改 ◎特殊类设计产品存在一定隐患。由于产品没有经过打样及成品体验，基本是靠家具设计师和软装设计师的经验制作而成，其家具比例、坐感舒适度、面料材质、色彩等相对难以把握，通常制作出来的家具成品与图片会存在少量差异

②常见灯具、布艺的采购时间节点

灯具采购时长：

品类	采购时长	要点
成品灯具	7 ~ 15 天	◎灯具品牌款式种类繁杂，挑选成品灯具需把握四个要点：风格合适、价位合适、品质感较高、后期服务到位；确认款式型号之后下单 ◎选购成品灯具时需注意灯具的两个尺寸，一是直径，即灯具在空间中的展开面；二是高度，需要知道空间层高，再根据层高从上往下悬挂的高度考虑灯具本身的适宜高度 ◎家装项目比较适合选择成品灯具
定制灯具	15 ~ 45 天	◎定制灯具对灯具款式、造型的要求个性化，商业项目中较多选用定制灯具 ◎定制灯具的尺寸、灯具重量以及吊顶承重需软装设计师和硬装设计师及灯具厂家、安装人员一起沟通确定，一定要选择使用寿命长的灯泡，避免保质期内更换 ◎厂家会根据客户预算对灯具的材质及配件进行调整，因此在采购定制灯具时可遵循四个步骤：确认灯具款式、确认灯具尺寸、选择灯具材质（需要准备至少 3 种不同的材质）、谈报价

布艺采购时长：

品类	采购时长	要点
定制窗帘	15~45 天	◎常规窗帘定制时长 15~20 天 ◎非常规窗帘的定制由于特殊工艺或材质的原因，有些厂家面料或设备不齐全，或需从外地调货，或需外包完成制作生产，因此用时也相对较长
床品	成品 5~10 天 定制品 15~25 天	◎床品选购需考虑家用还是样板间，样板间可不考虑使用功能性，直接选购与之风格相配的床品套件即可，但应同时选择被芯和枕芯，避免被芯与被套分开采买尺寸不符等情况的发生 ◎家用床品选择定制一般有两个原因，一是品牌家纺店床品的个性化无法满足需求；二是套件床品的材质无法满足需求 ◎定制床品首先应选择与装修风格匹配的款式、花型，然后根据睡床尺寸定制床品尺寸，确定床品的材质面料，应在做工上多进行比较、考察
抱枕、搭毯、桌旗	成品 5~10 天 定制品 7~15 天	◎抱枕、搭毯、桌旗的款式、种类、色彩繁多，无论是基础家用，还是样板间设计，基本上在成品中都可以选到合适价格定位的产品 ◎这类产品若选用定制款，一般是高端定位，对产品质量、材质要求极其严格，对产品的设计、主题性追求协调、统一

③常见装饰画、地毯的采购时间节点

装饰画和地毯的采购时长基本相同，因此可以在同一时间下单，一般情况下选购成品大致为 5 ~ 10 天，定制款约 15 ~ 25 天。

针对家装项目和工装项目的不同，装饰画的选择也有所区别。家装项目的装饰画选择需结合空间风格、客户喜好以及预算等，常规类装饰画以定制、采购成品为主，非常规类装饰画以私人藏品居多。工装项目的装饰画选择则是根据不同商业场所的属性及所面对的人群进行定位，再结合设计风格和预算来选择。

地毯采购同样需要考虑是家用，还是商用。家用应尽量选择品牌成品产品，应着重考虑后期清洁、产品耐用度，以及防虫、防菌、耐潮湿等实用性要求；商用则多以定制为主，尺寸根据家具摆放以围合性为原则。另外，商业定制地毯在材质上要求相对不高，但需要考虑后期清洁和耐用性。

④常见装饰品、花艺的采购时间节点

装饰品和花艺的成品下单采购时长约需 5 ～ 7 天。其中，装饰品不包括艺术品，单指摆件饰品，其选择和替换范围比较灵活，所以多选择成品。

成品花艺分为两种，一种是直接选整盆，含花带盆；另一种是选择好花之后，再搭配花器。定制花艺也分成两种，一种为厂家根据设计师提供的花艺图片，按图片寻找花器和花材搭配并插好，所需时长通常为 12 ～ 20 天；另一种为花艺师根据预算、现场风格，结合软装设计师的想法进行花艺设计和现场插花。由于设计定制的花艺是根据项目定位进行的，下单采购时长通常无法估计。

在软装落地执行中有两个节点需要严格把控，一是时间把控，二是工艺节点质检。为了保证每项产品能够按时保质的完成，软装设计师需要制作一份《软装执行节点流程表》对产品的进度进行实时把控。特别是手上有 2 ～ 3 个项目在同时进行的主案设计师，应根据产品执行表统筹项目，并在每个工艺节点安排好助理的工作。

软装设计师作为客户与工厂的中间方，统筹整个项目，项目能够按时出货少不了款项的支持，所以软装设计师需要按进度告知商务人员提醒客户支付款项，告知财务付款给厂家，以保证整个项目的实时运转。

扫二维码

获取《软装执行节点流程表》模板

附表：软装产品采购时间节点

项目	定制产品采购时间节点					
	第一步（图纸及制作阶段）		第二步（出货阶段）		第三步（摆场阶段）	备注
	第1~5天	第5~20天	第20~25天		第25~28天	
家具	CAD家具图纸确认	家具白茬出样及样品确认 家具木色色板及布板确认	组装、上色、海绵、布料 每一步都需要客户确认	确认货品无误，出货	货到现场进行摆放及后期维护等	工厂排单工期顺延
灯具	CAD灯具图纸确认	灯具配件样品确认	加工、组装 每一步都需要确认	确认货品无误，出货	货到现场进行安装及后期维护等	工厂排单工期顺延
窗帘	第1~5天现场尺寸确认	第5~7天样式、布料确认、下单制作	第7~22天窗帘加工	上门安装，货到现场进行安装及后期维护等		遇节假日工厂不发货或缺货、调货
地毯	第1~6天报价、出单、制图	第7天选色线	第7~22天制作成品需照片确认	确认货品无误	货到现场进行安装及后期维护等	工厂排单工期顺延
雕塑	第1~5天尺寸、图纸确认	第5~10天雕模修改、确认	第10~33天浇筑、出膜、上色、晾干	确认货品无误	货到现场进行安装及后期维护等	工厂排单工期顺延
画品	成品：7~10天采购成品装饰画 定制品：第1~7天报价、出单、沟通细节、制作	第7~22天生产制作		确认货品无误，出货	货到现场进行安装及后期维护等	遇节假日工厂不发货或顺延

项目	成品物品采购时间节点（家具、装饰品）		
家具	国产家具：有货15天，无货30天	进口家具：有货3个月，无货6~12个月	国产家具遇春节工期推后1~2个月，进口家具遇圣诞节工期推后1~2个月
装饰品	内销饰品：有货10~15天，无货视工厂加工排单情况	外销饰品：有货10~30天，可能出现无货现象	

二、家具的下单流程、验收

成品家具确定款式和尺寸之后可以直接下单采购。而定制家具不同，定制家具首先需要了解其构造组成，并由内到外了解每个组成部分所用到的材质、工艺、面料材质，才能更好地把握每一道的工序环节，以及跟踪把控验收。

▲ 家具所涉及到的材质、形态均较多，充分了解其特性才能有效完成下单工作

1 家具基础常识

家具是室内设计的一个重要组成部分，是陈设中的主体，在一定程度上决定着风格的走向，也是空间品格呈现的决定性因素。无论是成品家具，还是定制家具，根据材质类型大体可以分为实木家具、软体家具、板式家具、金属家具、大理石家具等。

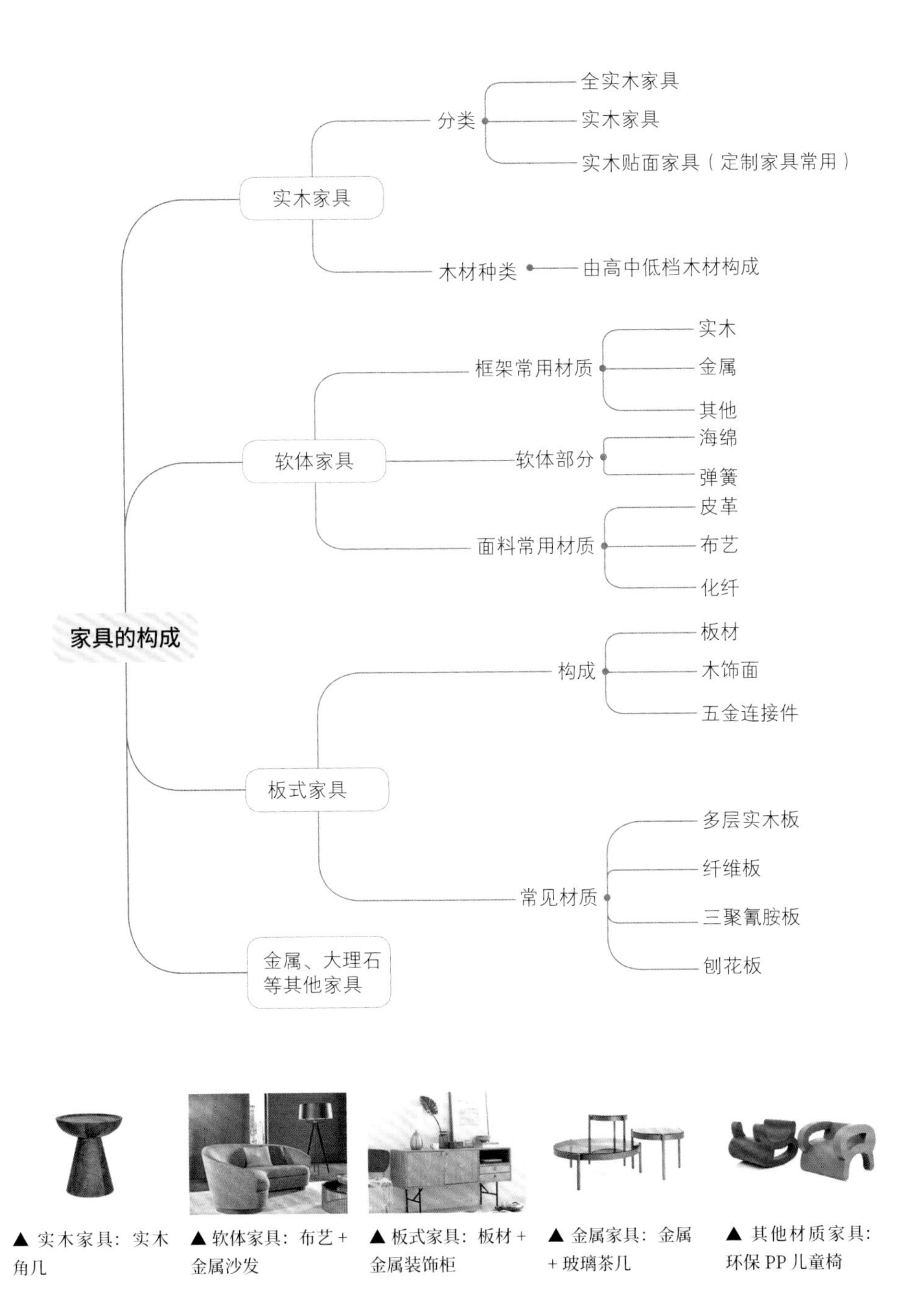

▲ 实木家具：实木角几

▲ 软体家具：布艺+金属沙发

▲ 板式家具：板材+金属装饰柜

▲ 金属家具：金属+玻璃茶几

▲ 其他材质家具：环保 PP 儿童椅

备注：对家具材质和工艺还不熟悉的时候，初步了解家具构成能够快速地区分家具的组成材质，便于下单时对家具的材质和工艺、选样、验收进行调整。

①实木家具

实木家具的分类：根据实木用材的比例和工艺，实木类家具可以分为三种，即：全实木家具、实木家具、实木贴面家具。

全实木家具

- 所有木材部分均采用实木，主材、辅材不分品种，主材选用一种木材，辅材选用多种便宜木材
- 一件家具从头到尾主材、辅材只选用一种木材，即所谓的“原木家具”
- 辨别全实木家具的方法：看侧面纹路是否相同，一块木材下来的木头纹路全部相连，即为全实木家具

实木家具

- 指基材采用实木锯材或实木板材制作，表面没有覆面处理的家具
- 家具中实木材占比 60% 以上，可称作实木家具
- 如果是实木框架，其他均为密度板材的家具，不能称作实木家具
- 木材种类直接影响实木家具的价格和品质，木材种类不同，其价格可相差数十倍
- 实木家具并非十全十美，因地域、湿度等差异，会存在形变、开裂、收缩等问题

实木贴面家具

- 材料以实木板制作，并在表面贴实木单板或薄木（木皮）
- 如果表面贴的是纤维板等人造板，则不属于实木贴面家具
- 板材贴皮并非是廉价的象征，板材只是一个泛称，有低质的 E2.3 型板材，也有 E1.0 型的高级板材
- 高级的实木板材在造价和加工成本上，远超原木家具，且贴皮使用的大多为 2mm 厚的木皮，木皮在木性上已经完全达到实木标准

实木家具的木材种类：木材作为家具生产的主要材料，是工厂、经销商、客户最关心的重点。目前家具市场上常用的木材由低往高包括：松木、橡胶木、桦木、榉木、杨木、榆木、水曲柳、橡木、白蜡木、柚木、樱桃木、黑胡桃等。

低档木材：松木、杉木等质地比较软，常用作实木家具的辅材，如抽屉板、后背板，还可制作儿童家具，价格便宜、环保。

中档木材：橡胶木作为硬木因其价廉，被广泛采用，某些大家具品牌也用此材料。桤木、桦木、柞木的价格一般都不高。

中高档木材：榉木和榆木常被称为“北榆南榉”，一直都是日常生活家具的常用材料，价格相对高档进口木材和红木较为亲民，兼具观赏性和实用性。

高档木材：多为进口，除作为高档家具用材外，黑胡桃、樱桃木等作为装饰元素一般做为优质贴面用材。

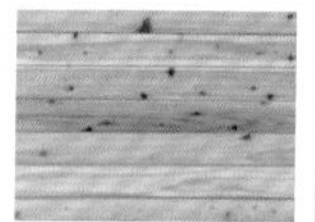

松木
1000~2000 元 /m³

橡胶木
2000~3000 元 /m³

桦木
2500~3000 元 /m³

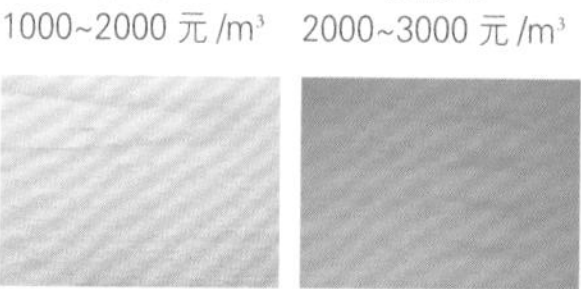

榉木
3500~5000 元 /m³

杨木
2000~3000 元 /m³

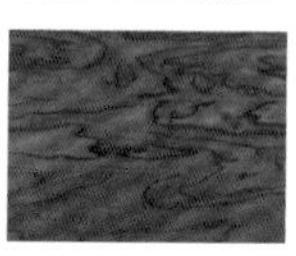

榆木
3000~4000 元 /m³

水曲柳
2500~3000 元 /m³

橡木
5000~7500 元 /m³

白蜡木
2500~3000 元 /m³

柚木
9000~12000 元 /m³

樱桃木
6000~7500 元 /m³

黑胡桃木
9000~13000 元 /m³

实木家具的漆面工艺：

家具进行刷漆处理不仅能够美化木制材料表面，还能起到保护木制家具的作用。实木定制家具常用的漆艺处理包括混油漆面、清漆漆面、水溶性漆面、开放漆面和封闭漆面 5 种。

开放漆工艺局部照

封闭漆工艺局部照

开放漆工艺地板

封闭漆工艺地板

混油漆面	◎调和漆，涂刷在木材表面有颜色，不透明漆
清漆漆面	◎在木材表面直接刷涂透明的油漆，涂刷完成后可以清晰看到木材纹路 ◎清漆漆面有两种涂刷工艺，即上底色清漆和不上底色清漆
水溶性漆面	◎以水作为稀释剂涂刷在木材表面上，透明度高，有无毒、环保的安全特性
开放漆面	◎有全开放和半开放之分 ◎一种完全显露木材表面管孔的涂饰工艺，表现为木孔明显，纹理清晰，油漆涂布量小，亚光，自然肌理感强
封闭漆面	◎有全封闭和半封闭之分 ◎将木材管孔深埋在涂抹层为主要特征的一种涂饰工艺 ◎主要成分为不饱和树脂，浓度高，表现为家具表面涂膜丰满、厚实、光亮、表面光滑

实木定制家具的五金（按功能分类）：坐具的五金包括沙发脚、升降器、靠背架、弹簧、连接件等；柜体五金包括滑轨、合页、五金拉手、活动件等。

②软体家具

软体家具的构成：主要包括框架、软体、面料。通过对软体定制家具的构造进行拆分，可进一步加深对材质的了解，帮助软装设计师在设计阶段对面料、漆面、工艺进行适当选择，并能控制好造价。

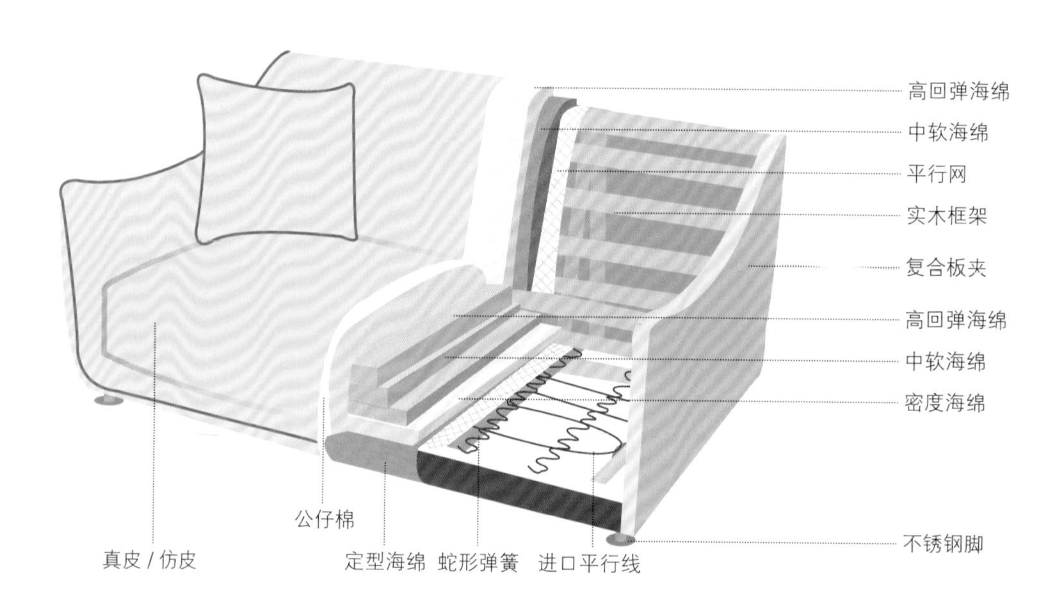

▲ 软体沙发构造图解

▲ 实木框架打底，高回弹海绵坐垫，米白色立体菱形纹布艺扪面，车同色豆角线

▲ 实木框架打底，金属支脚，高回弹海绵坐垫，浅灰色棉麻布艺扪面

▲ 玫瑰金框架，高回弹海绵坐垫扪条纹棉麻布艺，靠垫扪深灰色棉麻布艺

软体家具的框架材质：主要包括实木和金属两种。其中实木框架所用的材质及漆面与实木定制家具基本相同。金属框架常用的有铁艺、不锈钢、钛合金、铜等；常用的工艺包括电镀、烤漆和喷涂；常选择的金属色板有镜面、磨砂、拉丝等。

软体家具的软体材质：根据家具结构及触面不同选择不同的海绵，常用的有高密度海绵、高弹海绵、公仔棉、纤维棉、羽绒、乳胶棉、硅胶棉等。

高密度海绵	◎手感细腻、柔软、舒适，阻燃 ◎常用在软体家具坐垫作为实木框架保护层
高弹海绵	◎回弹性与透气性超强，受压时会在不同形变状态下产生不同支撑力的反弹力 ◎常用在软体家具面料包裹接触层
公仔棉	◎回弹力持久，因材质纤维含比例硅油 ◎常作为软体家具的面料填充使用，使家具保持足够的弹力
纤维棉	◎分为四孔、七孔、九孔、十孔，孔腔数越多，透气性和保暖性越好，可以阻燃 ◎常作为软体家具定型用
羽绒	◎轻柔保暖，吸湿性极好 ◎坐感柔软舒适，可作为软体沙发的填充物，长期使用变形小，缺点是回弹慢，成本也高
乳胶棉	◎由天然 / 合成橡胶为原料制作而成，天然乳胶弹性好、透气、安全 ◎在软体家具中多作为床垫使用，缺点是价格贵
硅胶棉	◎透气、耐高温，不易变形 ◎常作为软体家具定型用

软体定制家具的面料材质：常用的有皮革和布艺。

皮革

- 皮革沙发柔软性好，透气，不易脏，有美观、高贵、大方的特点
- 但长时间使用会褪色、陈旧，甚至翻皮，有破损不易修补
- 常用在售楼部、办公室、样板间、会所等商业空间中

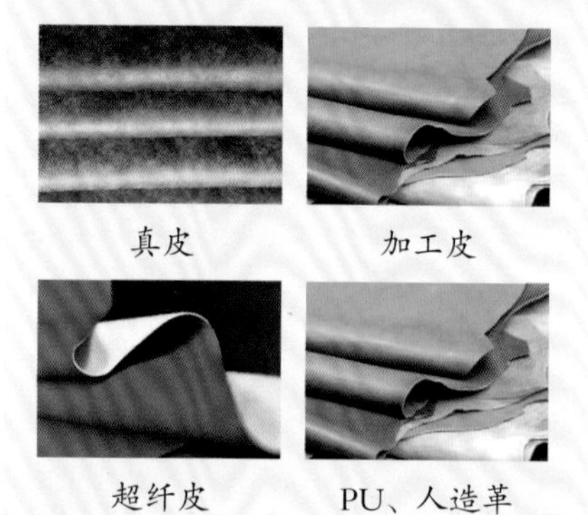

真皮　加工皮

超纤皮　PU、人造革

布艺

- 布艺沙发透气性好，舒适，易清洗，有时尚、实用、美观的特点
- 缺点是易起皱，易脏
- 常用在住宅项目及部分商业空间中

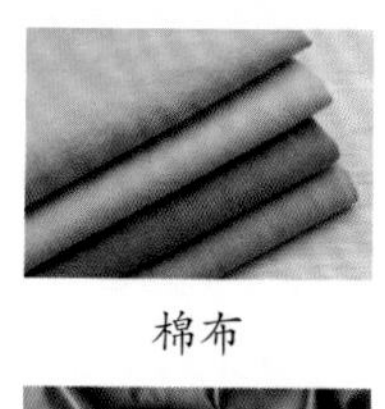

棉布

绒布

丝质面料

涤纶

高密 NC 布

③板式家具

板式家具的构成：主要由板材、木饰面以及五金连接件组成，板式家具通常用于柜体、可拆装组合式家具、定制柜等。

板式家具的板材材质：常用的有多层实木板、纤维板、三聚氰胺板和刨花板。

多层实木板	◎由单层或多层的薄板胶贴热压制而成 ◎优点是不易变形，平整度高 ◎优质多层板达到 E1 级环保要求，价格略高	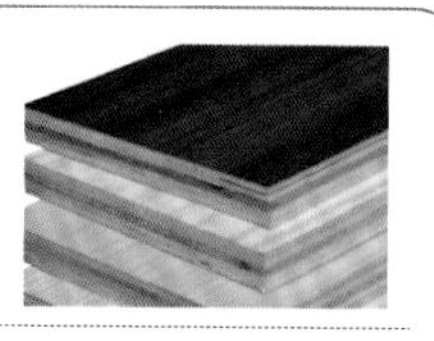
纤维板	◎多以木材的边角料或木材采伐剩余物加工后添加粘胶剂制成的人造板 ◎优点是防虫、防腐、价格便宜 ◎缺点是握钉力、耐水性差，甲醛含量高	

三聚氰胺板	◎由密度板和刨花板粘合而成 ◎优点是板材轻、耐磨、耐腐蚀 ◎缺点是档次不高	
刨花板	◎以碎料热压胶合制成的人造板 ◎优点为吸音隔音、阻燃性好 ◎缺点是容易吸湿变形，甲醛含量高	

板式家具的饰面材质：常用的有两种，包括木皮和饰面板。其中，木皮又分成天然木皮和科技木皮；饰面板又分成天然饰面板和人造饰面板。

木皮	◎厚度在 0.5mm 以下或在 0.5~0.8mm 的一种家具装饰贴面材料 ◎天然木皮的优点是纹路自然流畅，缺点是价格昂贵，尺寸较小 ◎科技木皮的优点是性价比高，缺点是纹路不自然	
饰面板	◎将天然木或科技木刨切成一定厚度的薄片，粘附于胶合板表面，又叫贴面胶合板	

板式家具的五金：常用的包括滑轨、铰链、五金拉手、沙发脚、升降器、靠背架、弹簧、枪钉、脚码、连接件、活动件、紧固件、拉篮等。

④其他材质家具

除了常见的木质类和软体家具，金属家具和大理石家具也比较常见，是桌几类家具的常用材质，有全金属、全大理石家具，也有金属与大理石相结合的家具。这类家具兼具功能性与装饰性，且便于造型和清洁。

大理石家具：由天然石材制造而成的家具，一般根据大理石面的色彩、纹路和形状选择搭配在不同的室内风格中。

白色类

爵士白大理石

◎质感纯净、灰色纹路清晰自然、价格适中
◎常用于现代、轻奢、新中式等家具台面

中花白大理石

◎纹路较乱，且灰色纹路多于白色
◎常用于现代、轻奢、新中式等家具台面

雅士白大理石

◎色泽白润如玉，纹路细腻
◎常用于现代、轻奢、新中式等家具台面

灰色类

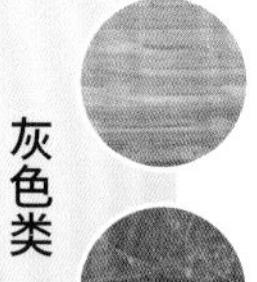

木纹灰大理石

◎纹理如木纹般清晰自然，灰白相间，不同产地纹路略不同
◎常用于现代、轻奢、新中式等家具台面

阿波罗灰大理石

◎灰色色泽典雅高贵，白色乱纹细致排开
◎常用于现代、轻奢、新中式、欧式等家具台面

黑色类

黑白根大理石

◎底色为黑色，白色纹路均匀分布
◎常用于现代、轻奢、新中式等家具台面

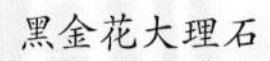

黑金花大理石

◎黑底色，纹路为黄金色花纹形，纹路自然清晰
◎常用于新中式、欧式等家具台面

其他

山水绿大理石

◎色彩以紫色和绿色为主，纹路艺术感强，犹如山水画
◎常用于新中式等家具台面

印度绿大理石

◎以深绿色为底色，色泽自然饱满
◎常用于新中式、后现代、轻奢、复古等家具台面

啡网纹大理石

◎有深啡网和浅啡网之分，棕色底面布满龟裂般的网格纹路
◎常用于现代、北欧、轻奢等家具台面

金属家具：以金属管材、金属板材等金属材料为主架构，表面施以电镀、喷涂、敷塑等加工工艺进行处理，常用于家具的框架、支架、底座、装饰包边等，全金属家具多为边几和茶几。

常见色板表面效果：亚光金属、亮光金属。

常见表面工艺：拉丝金属、镜面金属。

常见色系：黑钛、银灰色、金色、木纹色、铬色等。

备注：因各个厂家工艺不同，金属色板名称和色系的差异较大。

▲ 亚光棕古铜金属框架 + 爵士白大理石茶几（金属表面光泽度较低，亚光）

▲ 镜面钛金金属底座 + 爵士白大理石桌几（金属表面呈镜面，光泽度为 7~9 分光）

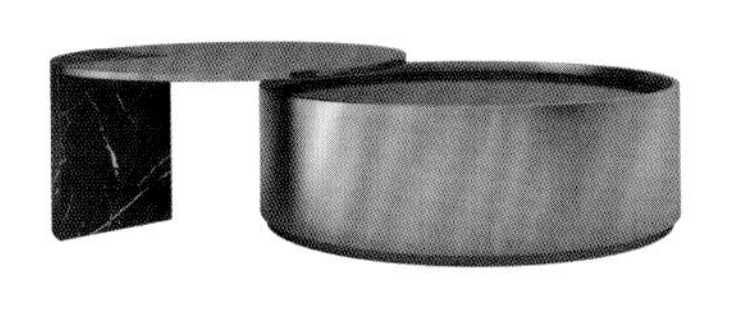

▲ 拉丝钛金金属包边 + 黑白根大理石 + 黑金沙大理石茶几（金属表面有拉丝工艺，光泽较低，3~5 分光）

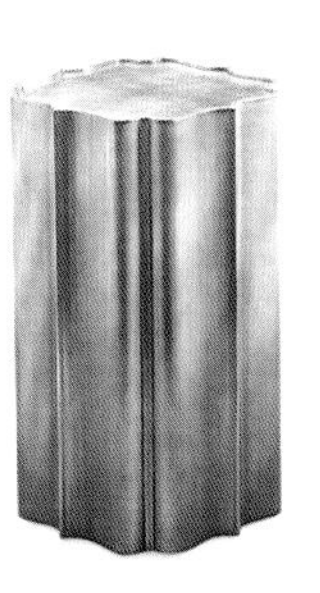

▲ 拉丝香槟金金属角几（金属表面有拉丝工艺，光泽度为 5~7 分光）

2 定制家具的流程

①定制家具下单全流程

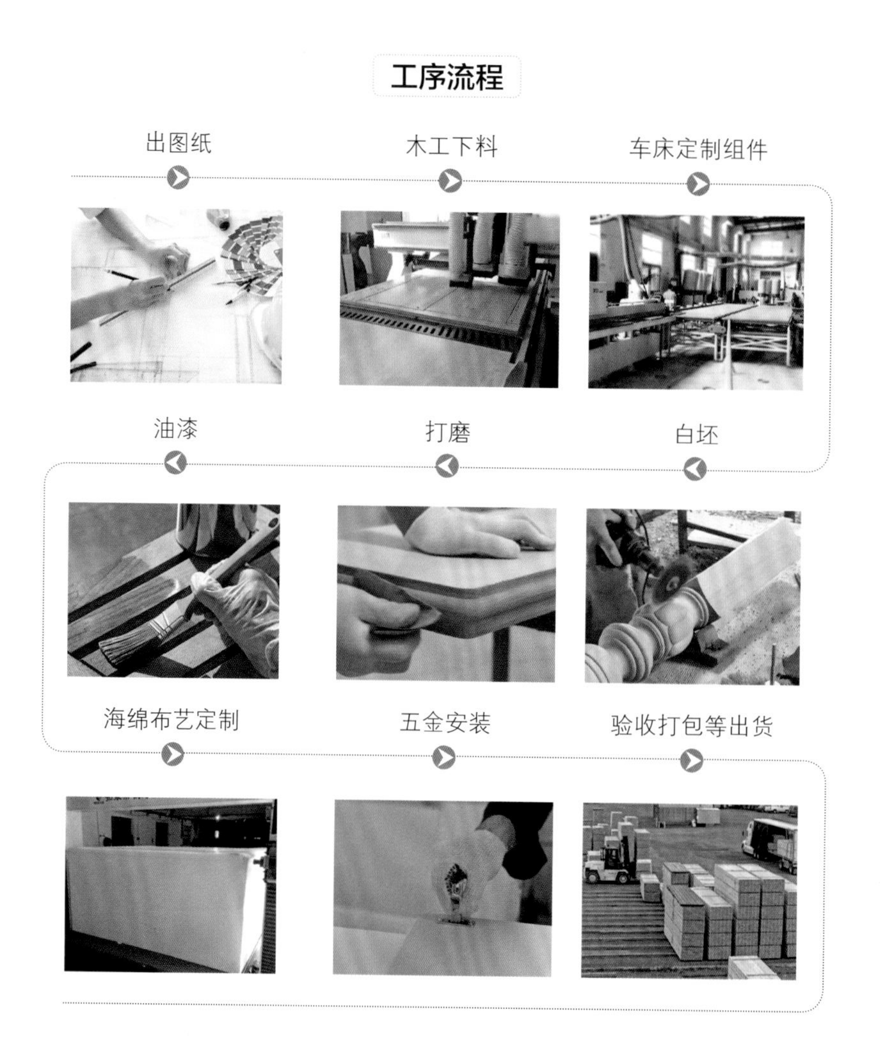

②定制家具工序流程（按常规大类划分）

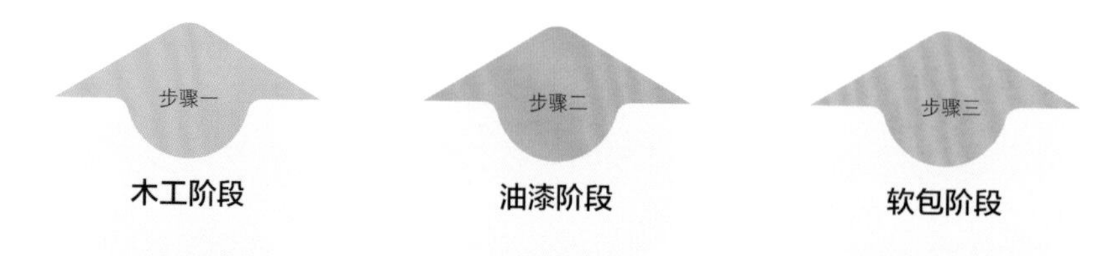

木工阶段：木工是家具生产的基础，也是家具生产的灵魂。其中主要的形体框架生产阶段，一般分为板式木工以及实木木工两个环节。

板式木工：包含板材的生产，主要为柜类（包括书柜、衣柜、电视柜、玄关柜等）。

实木木工：较为复杂的实木类生产，如沙发、餐椅、休闲椅、特殊款式家具的形体放样与生产。

流程

油漆阶段：也叫涂装，油漆如同给家具化妆，是木质家具最终效果的呈现。一般油漆按工艺分为工程类家具及私宅民用家具。工程类家具通常涂刷两层底漆、两层面漆，私宅民用家具通常涂刷三层底漆、三层面漆。

流程

软包阶段：软包主要指含填充面料（皮或布）的家具加工工艺，主要为沙发、休闲椅、软床等。

流程

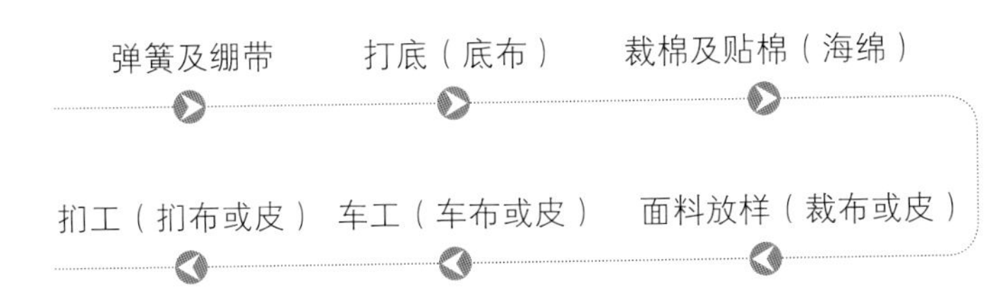

以上几大类生产流程完成之后，产品成品基本完成，然后进行产品试装以及导轨拉手安装，最后进行包装。

家具常见的木工工艺

实木手工雕花

木皮拼花

榫卯结构

贝壳镶嵌

3 定制家具环节和厂家的对接工作

第一阶段：厂家出图纸阶段

打印《软装产品下单清单－家具》，对需要下单的家具尺寸、数量、款式进行细致复核，将最终确认的家具清单发给定制厂家，由厂家绘制家具图纸。根据数量多少不同，一般厂家绘图的时间需要 3~5 天。

由软装设计师找出家具的原款详细样式，标出家具的尺寸和材质，由家具厂画出详细的家具图，经设计师确认后进行生产。

（1）将绘制的家具 CAD 图纸打印出来，并以手稿的方式将需要修改的内容标识出来。这样做的原因是：直接在 CAD 中修改没有纸质版清晰直观，另外纸质版便于存档留证，避免不必要的误会和损失。

（2）审核图纸时要注意如下问题：CAD 图纸是否与实物图相符；绘制的家具图是否有遗漏；家具尺寸、比例、造型、款式、细节是否有误；家具材质、色板、油漆漆面、面料是否按照实物或者要求进行了标注（如果家具尺寸过大，需考虑家具是否要拆分）。

（3）将修改的家具图纸拍照回传给厂家，进行第一次、第二次修改。

（4）所有家具图纸经主案设计师与产品总监确认无误后，由厂家寄送家具材质小样、打样油漆漆面色板，以及 1~3 款家具面料。

常见错误示例

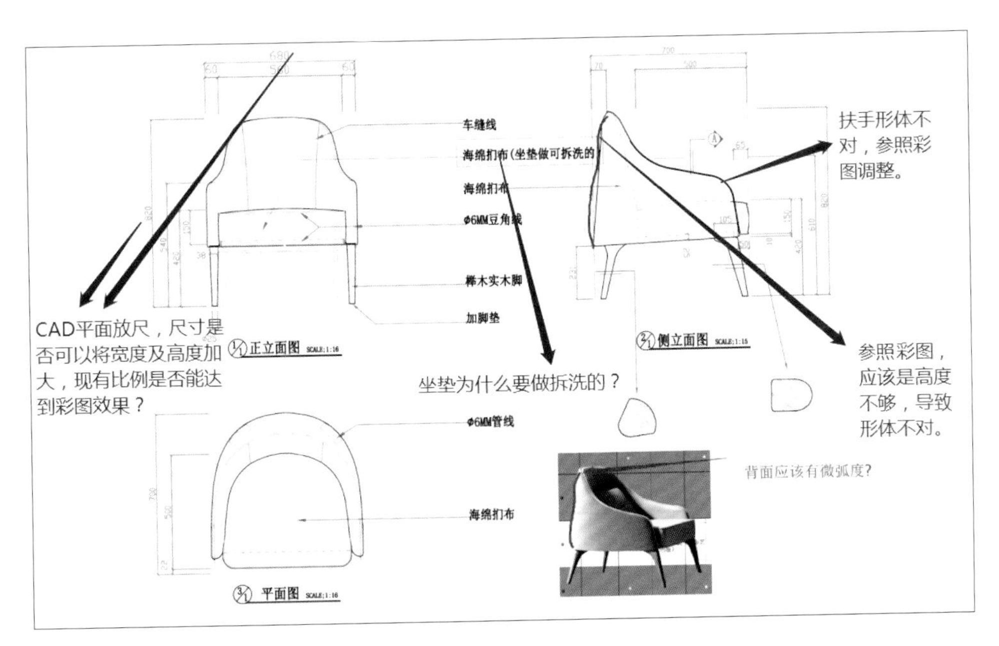

▲ 从尺寸的合理性到形体的比例是否正确，以及细节的处理

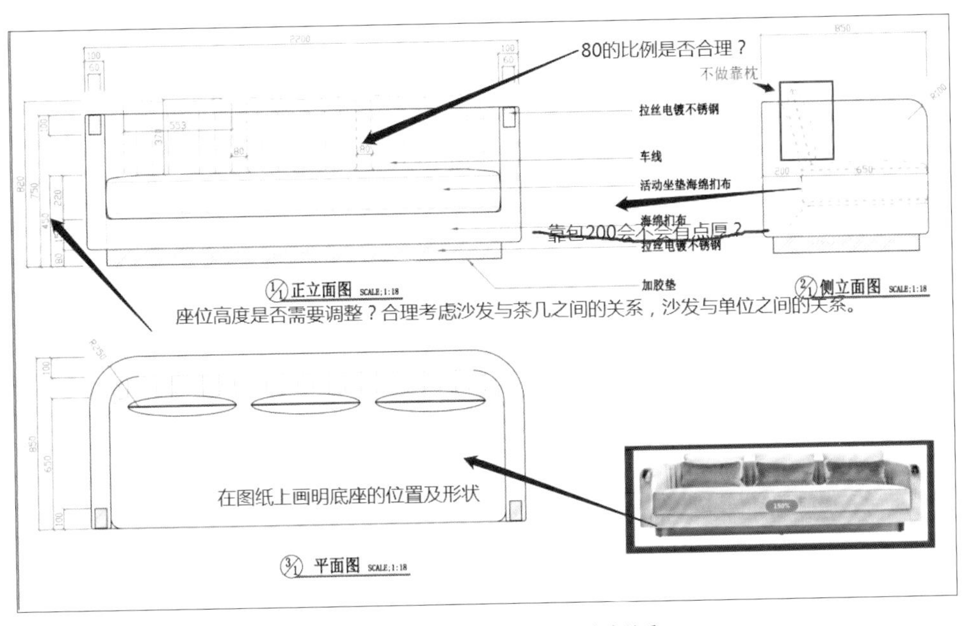

▲ 需考虑沙发尺寸及比例的协调性，同时注意同一个区域内家具之间的高度关系

第二阶段：家具白坯验收阶段

定制家具的白坯制作大约需要 7~15 天，在白坯出货完成 85% 时，需要提前预约厂家确定时间到工厂进行白坯验收。

白坯验收时要依照家具下单清单，对家具自身的尺寸、比例、造型、款式、工艺一一进行确认，对于有疑问和错误的地方及时提出，并由厂家给出解决方案。

第三阶段：家具油漆阶段

定制家具的油漆阶段参照厂家寄送的油漆色板，厂家可拍照或拍视频发送给软装设计师进行验收。从油漆第一次喷涂、打磨到最终烘干出品大约需要 3~7 天。

油漆验收时，一看漆面是否参照打样的色板，二看面板纹路的铺贴，横铺还是竖铺；三看面板接口处纹路的拼缝与拼花是否有误。

第四阶段：家具软包阶段

定制家具的软包阶段可由厂家拍照或拍视频发送给软装设计师进行验收。软包阶段所需时间根据数量的多少大约在 3~5 天。

软包验收时，一是要看家具的软体海绵部分是否按照材质要求制作，二是要看面料的纹理是否根据面料选型制作。另外，还要注意收口、拼缝的横纹与竖纹、转角处面料的拼接是否有误，细节是否处理得当。

第五阶段：出货前验收阶段

定制家具出货前（在分装、打包之前）一定要到厂家对产品进行现场确认，再加上白坯验收阶段，也就是定制家具的过程中至少要有两次到厂家进行工艺节点的验收。

不同材质的定制家具出货前验收注意事项：

实木家具：一看比例是否协调，二看饰面的平整及油漆是否均匀，三看对接口及拼缝是否流畅。

软体家具：一看比例，二看面料车线的密度，三看家具面料阳角与阴角的褶皱。

特殊工艺家具：如描金、贴箔、雕花家具等，需查看工艺的精致度及细腻感。

常见错误示例

× 细节验收：柜内绒布未作全包

× 细节验收：抽屉与柜体拉合处缝隙太大

× 拼缝验收：皮革拼贴处缝隙明显

制作流程阶段确认单

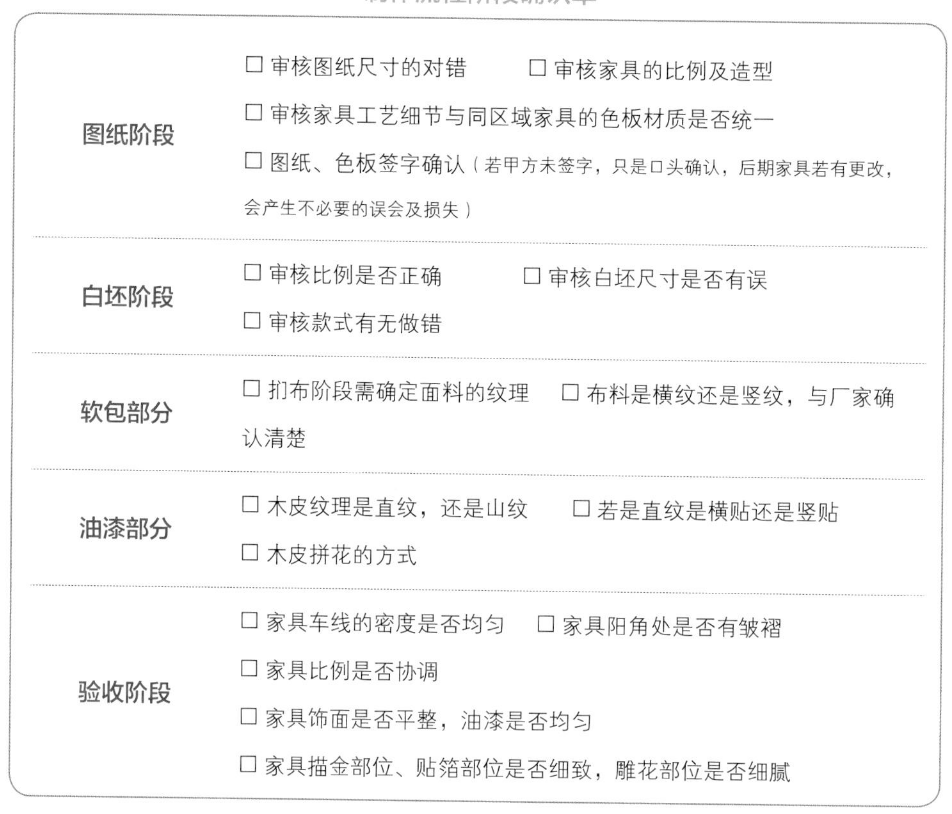

图纸阶段	□ 审核图纸尺寸的对错　□ 审核家具的比例及造型 □ 审核家具工艺细节与同区域家具的色板材质是否统一 □ 图纸、色板签字确认（若甲方未签字，只是口头确认，后期家具若有更改，会产生不必要的误会及损失）
白坯阶段	□ 审核比例是否正确　□ 审核白坯尺寸是否有误 □ 审核款式有无做错
软包部分	□ 扪布阶段需确定面料的纹理　□ 布料是横纹还是竖纹，与厂家确认清楚
油漆部分	□ 木皮纹理是直纹，还是山纹　□ 若是直纹是横贴还是竖贴 □ 木皮拼花的方式
验收阶段	□ 家具车线的密度是否均匀　□ 家具阳角处是否有皱褶 □ 家具比例是否协调 □ 家具饰面是否平整，油漆是否均匀 □ 家具描金部位、贴箔部位是否细致，雕花部位是否细腻

款式图

家具白坯

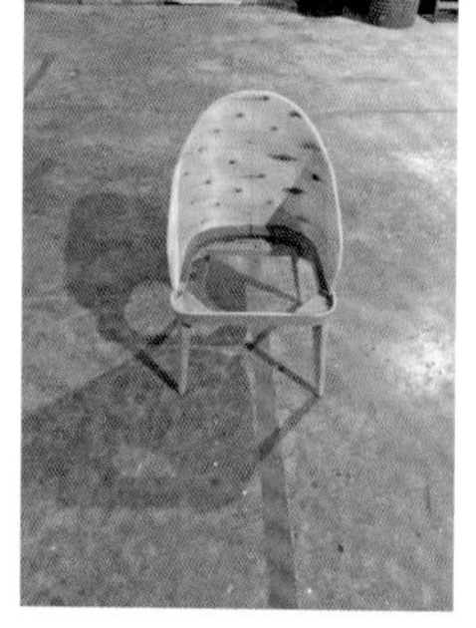

家具软包

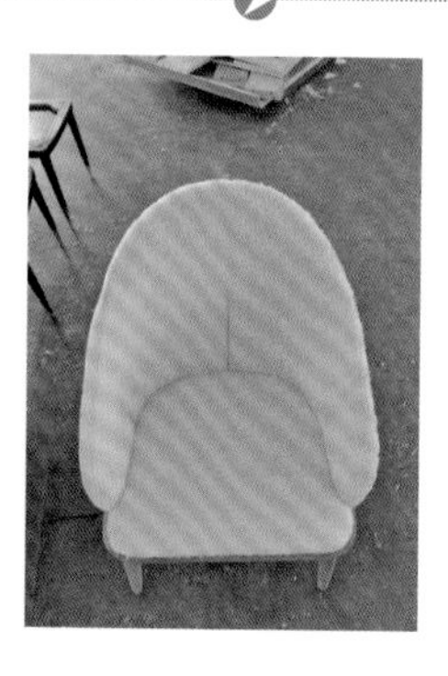

成品图

定制家具常见问题解答

（1）不同项目的定制家具工期需要多长时间？

样板间工程类产品常规工期：30 天；私宅类工期：60 天；酒店家具：60 天。具体工期根据产品数量、品质要求及工艺复杂程度，各厂家有所不同。

（2）哪些因素会影响到定制家具的生产周期？

除不可抗力之外，还有多种因素会影响生产周期，如：特殊工艺要求、特殊材料的定购周期，以及图纸、色板、面料、五金、石材等节点的确认时间。另外，生产过程中改变已确认的材质、款式、尺寸等，也会造成成本增加和制作周期的延长。

（3）体型偏大的家具定制时需要注意什么？

定制前需结合家具尺寸确认能否进入电梯、楼道及房门；如果不行，需在生产之前提出拆装要求。

（4）按照图片定制家具，还原度能达到 100% 吗？

还原度不能绝对达到 100%，按图片定制的项目因数量、工艺、参数、图片清晰度、图片角度、成本、尺寸等方面的因素，无法保证达到 100% 还原。大部分家具（除板式定制）生产过程中需手工制作，故会有一定的制作差异，常规家具也很难保证每一批次的家具都一模一样。

（5）家具出现变形、开裂的现象，是由哪些因素造成的？

实木框架家具的木材含水率过高或过低，放置于过于干燥或过于潮湿的环境，都会造成家具的收缩或开裂。板木结构家具变形的原因通常是由于板材厚度未达到承重标准，或者结构不合理。因此在定制前需严格把控用材质量。

三、灯具的下单流程、验收

灯具由灯罩、灯体、光源构成，在室内空间中应兼具装饰性和功能性。在下单时需了解组成部分所用到的材质、工艺以及安装方式，以便可以更好地跟踪和把控工序环节以及验收。

▲ 灯具除了照明功能，在室内空间中往往也起到了很好的装饰作用

1 灯具基础常识

灯具常见的种类从顶面至地面包括大型艺术装置型吊灯、常规吊灯、吸顶灯、壁灯、台灯、落地灯和地灯等。在制作软装清单时，最先需要了解的是灯具结构，包括灯体、灯罩和光源，然后再进行初步的材质分解。

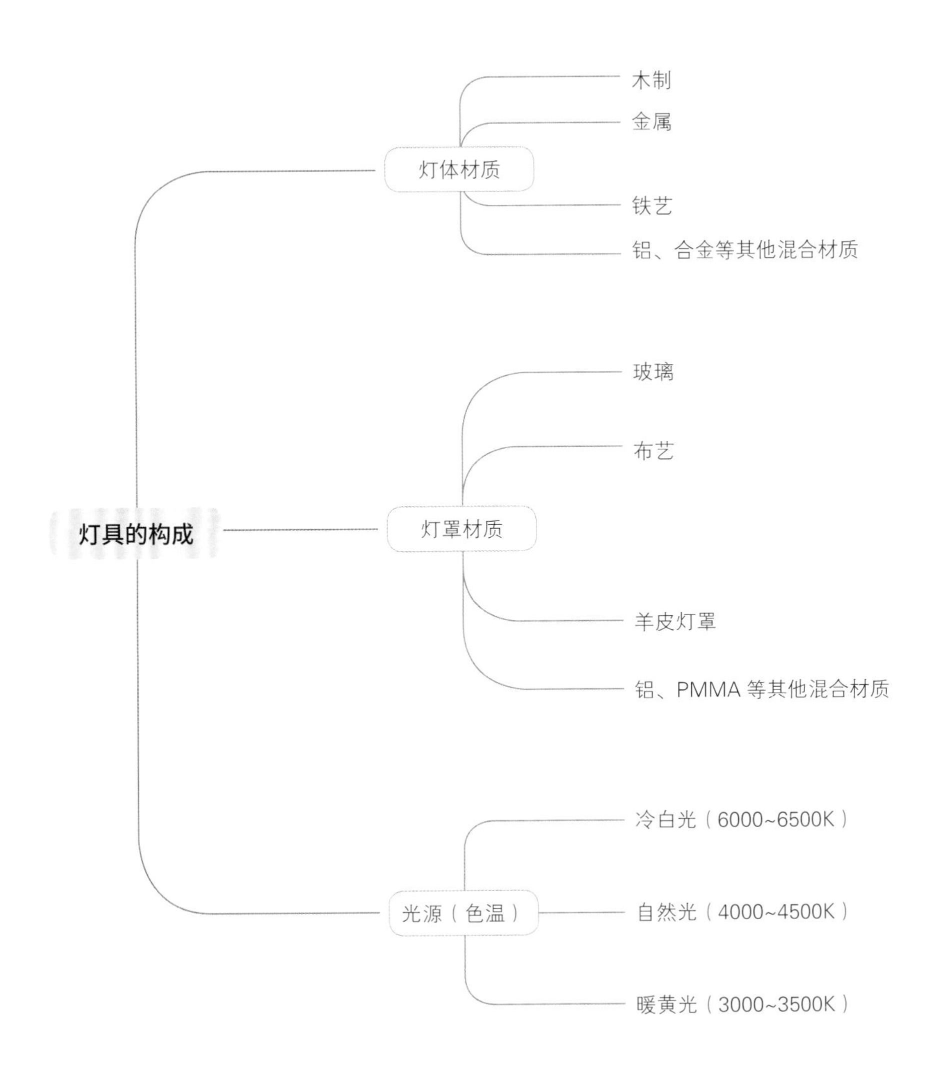

▲ Raimond 台灯：木制灯体，304 不锈钢灯罩，2879K LED 光源

▲ 萤火虫吊灯：金属镀铜灯体，聚碳酸酯灯罩，2700K LED 光源

▲ Filigree 落地灯：不锈钢 + 镀铜灯体，PP 半透明灯罩，2700K LED 光源

①灯具的灯体

灯体材质：灯体的主要作用是灯具造型、稳固光源等，在材质的选择上大多以硬性材质为主，如：木制、金属、铁艺、铝、合金等。由于灯具灯体的制作材质丰富多样，根据其制作材质属性，可以判断适用的风格。

木制材质：多用于北欧、日式、禅意中式、乡村等风格。

金属材质：多用于现代、极简、后现代等风格。

铁艺材质：多用于法式、美式、中式等风格。

合金材质：根据灯体表面颜色和造型的不同，多用于现代、轻奢、摩登、混搭等风格。

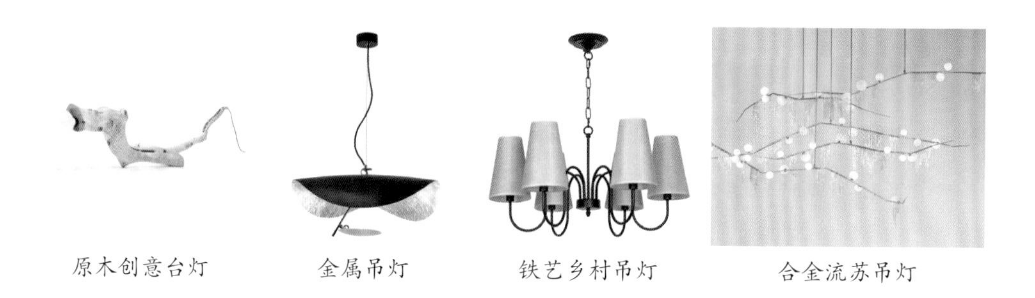

灯体工艺：金属、铁艺、铝、合金等五金灯体常用的工艺是电镀、喷漆。电镀是在金属表面镀一薄层金属或其他合金，表面可呈现磨砂、光面、拉丝等效果。电镀常用的颜色有古铜金、拉丝钛金、香槟银、亮银、铬色等。喷漆则是在金属表面喷涂一层抗氧化、抗腐蚀的金属或其他合金，表面可呈现高光、亚光镜面、磨砂、拉丝等效果。喷涂常用的颜色有玫瑰金、枪黑、香槟金等。

备注：电镀工艺相对喷漆工艺要贵，同一款灯具喷涂比电镀要便宜很多。在保质期上，电镀工艺则不及喷涂工艺，喷涂工艺一般 1~3 年灯体不会发生变化。

灯体：金属材质色板

②灯具的灯罩

灯罩材质：灯罩的主要作用为聚光、遮挡强光、防止灰尘、装饰等，常用的灯罩材质有玻璃、布艺、羊皮灯罩、铝、PMMA 等。

类目	优点	缺点
玻璃灯罩	透光性好、装饰性强、高温无气体挥发、不泛黄	灯罩有重量，易碎
布艺 / 羊皮灯罩	光线柔和、耐腐蚀、易于清洗	耐高温保性差
铝、PMMA 等其他材质灯罩	易于造型、相对轻巧、罩面可调色	透光性较差

灯罩材质工艺：不同的灯罩材质呈现出不同气质，适合不同的风格及空间；灯罩的制作工艺根据材质不同而不同。

玻璃灯罩	◎制作方法以吹制、压制、热弯、酸洗为主 ◎工艺包括粉涂、磨砂、蒸镀等 ◎形状以球形、柱形、蜡烛型、异型为主
布艺 / 羊皮灯罩	◎依据风格选用不同的布艺或羊皮纸面料，内贴一层 PS 胶片，用铁架造型制作而成 ◎形状以方形、圆形、锥形、异型为主
铝、PMMA 等其他材质灯罩	◎以合成树脂及填料、增塑剂、稳定剂、润滑剂、色料、添加剂等原料通过加聚或缩聚反应聚合而成的高分子化合物 ◎根据不同需求，可塑造不同形状

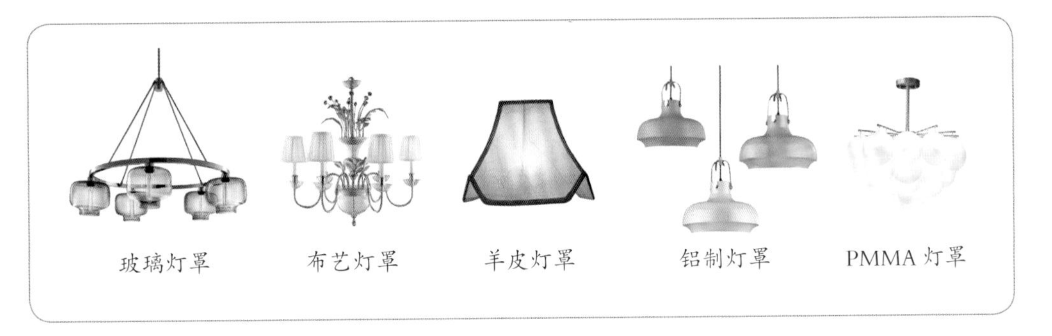
玻璃灯罩　布艺灯罩　羊皮灯罩　铝制灯罩　PMMA 灯罩

③灯具的光源

灯具的光源根据色温照射不同分为三种，包括冷白光、自然光和暖黄光。

类目	概述	适用空间
冷白光	色调偏冷，给人阴冷、难以靠近的感觉	√办公室 √珠宝店陈列品 √展厅
自然光	色调中性，给人舒畅、宁静的感觉	√私宅 √别墅 √酒店 √售楼部
暖黄光	色调偏暖，接近夕阳下山时的色温，给人温馨、柔和的感觉	√餐厅 √咖啡厅 √酒吧卧室 √台灯、落地灯等点光源

暖黄光
色温 3000K

自然光 / 暖白光
色温 4000K

冷白光
色温 6000K

2 定制灯具的流程

①定制灯具下单全流程

定制灯具即非标准化的灯具，因现场实际尺寸与灯体尺寸不合需要进行改制，有些非标准化的灯具可由设计师自己设计，如果是复刻品都需要定制。

②定制灯具工序流程（按常规大类划分）

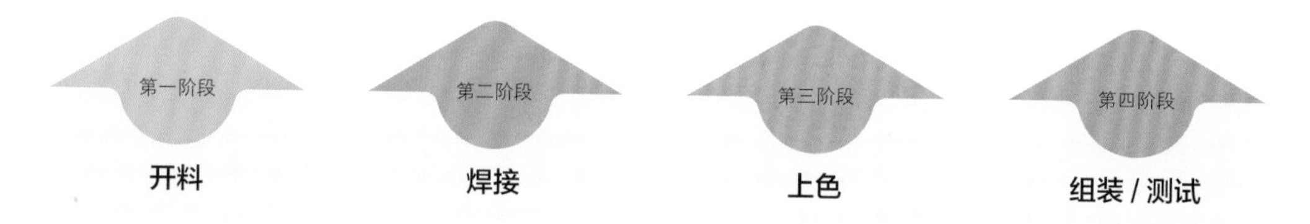

开料：按照生产图纸，切割出所需材料的尺寸及数量，然后标记需要加工的材料及加工方式，如打孔、折弯、成形等。

焊接：包括电焊、风焊、精密点焊等工艺，根据需求使用不同的焊接方式。具体的流程是先将五金材料按照图纸焊接成灯具的灯体或灯架；然后将焊接好的灯体或灯架打磨抛光，修饰灯体细节，以便更易于上光上色。

上色：利用电镀或喷涂工艺，在打磨、抛光后的灯体上镀上有色金属镀层，使表面美观、光滑耐热，增强抗腐蚀性。其中，喷涂是用有色油漆通过喷枪涂施在打磨、抛光后的灯体上，形成均匀而细微的雾滴表面，使灯体抗腐蚀、美观。最后，将漆面进行干燥、固化。

组装 / 测试：进行绑水晶、灯体、灯罩组装，完成整个灯具制作流程，然后再进行通电测试，检查是否有电线保护环。

3 定制灯具环节和厂家的对接工作

第一阶段：厂家出图纸阶段

打印《软装产品下单清单 – 灯具》。下单时首先需要对灯具的尺寸、数量、款式、光源及光源色温在施工图和方案以及现场进行准确的量尺确认。吊灯需要考虑整体空间感、悬挂高度、吊顶顶面的造型，以及家具之间的位置关系。确认完成后将灯具清单发给定制厂家制图，在画图之前沟通每个灯具的相关细节，灯具制图时间根据数量多少需要 3~7 天。

常见错误示例

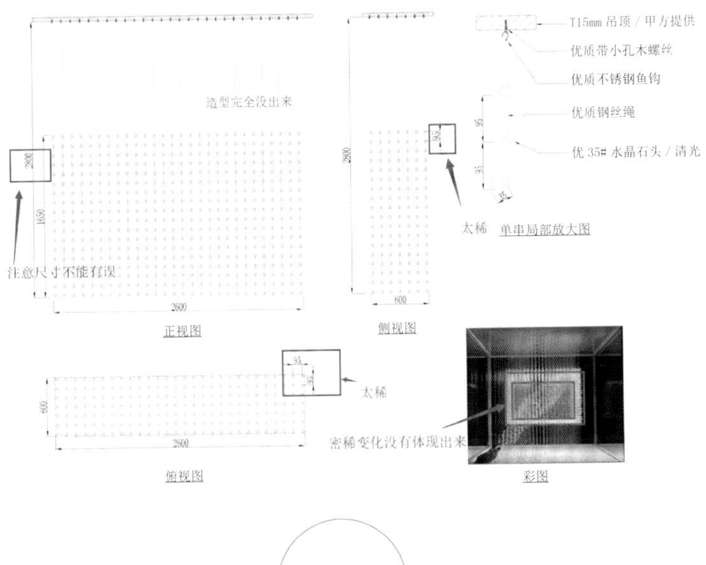

（1）将定制灯具的 CAD 图纸打印出来，对于尺寸、材质、造型细节等有疑问的地方，拍照传送至厂家调整及修改（每盏灯具均需考虑光源是否足够）。

（2）审核图纸时要注意如下问题：CAD 图纸是否与实物图相符；绘制的灯具图是否有遗漏；灯具尺寸、材质、款式是否有误；材质的排布方式、面料是否按照实物或者要求进行标注；以及一些细节性的考虑，如灯线米数是否预留足够，灯体金属管是否能够自由调整高度等。

（3）图纸确认无误后，厂家进行排单生产，并寄送材质小样。例如，灯体小样有拉丝钛金，水晶小样有 A 级八角珠，配件小样有优质梅花玻璃棒等。

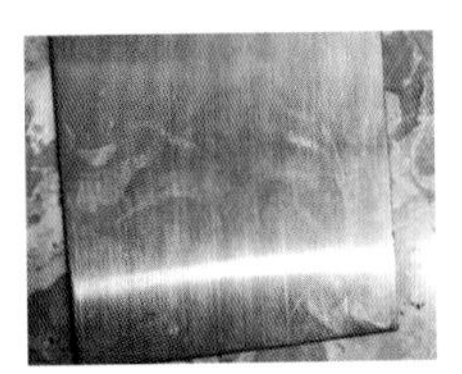
灯体小样：拉丝钛金

水晶小样：A 级八角珠

配件小样：优质梅花玻璃棒

第二阶段：厂家生产阶段

灯具在开料、加工、浇筑、焊接、电镀、组装等制作生产阶段，制作时间大约需要 10~15 天，这个时间段如果考虑执行成本，设计师可以不用去厂家跟踪灯具的生产情况，只需在有必要的重要节点，让厂家传送照片或视频检查灯具的生产进度和制作情况即可。

第三阶段：出货验收阶段

在灯具组装完成，试装、通电测试时需要去厂家现场进行验收一次，这个时间点一定是在未打包、未发货之前。

灯具需要验收的内容包括结构、表面和其他配件。

（1）结构：螺丝是否外露；水晶排缝是否整齐；是否过于稀疏；灯体有无变形的情况等。

（2）表面：灯体是否有瑕疵；电镀或喷漆是否均匀；接口处有无吐酸现象；颜色是否符合要求。

（3）其他配件：是否按照选用材质来制作。

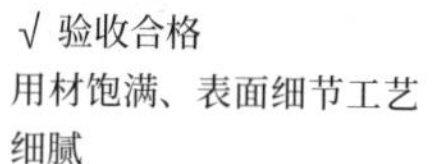

√ 验收合格
用材饱满、表面细节工艺细腻

× 验收不合格
电镀表面接口漆疙瘩明显

制作流程阶段确认单

图纸阶段	□ 审核灯具尺寸是否有错　□ 审核灯具造型是否按照要求绘制 □ 审核灯具材质是否与色板相符　□ 是否对灯具做现场可调预留 □ 图纸确认后寄送灯具材质小样，予以确认
开料 / 加工成型阶段	□ 厂家拍照或视频发送给设计师，查验灯具比例是否正确 □ 查验灯具结构有无变形
电镀 / 喷涂上色阶段	□ 厂家拍照或视频发送给设计师，查验材质是高光还是亚光 □ 查验灯具表面上色分布有无瑕疵，应确保均匀 □ 查验灯具表面颜色是否有误
验收阶段	□ 完成灯具通电测试　□ 将制作完成的灯具试装 □ 检查水晶的排列分布 □ 检查五金部分是否吐酸、有沙粒 □ 确定包装是否合格，经得起摔箱测试

灯具常见问题解答

（1）**怎样选择灯具定制厂家？**

首先该品牌要有自己独立的灯具生产工厂，然后看该品牌办厂时间的长短，是否有丰富的生产经验；再看规模的大小、生产流程是否标准化、产品用料是否精细齐全；最后需要厂家能够开具税金发票。

（2）**定制灯具是否需要考虑现场硬装？**

需要。定制灯具需要结合现场情况来设计，做灯具方案前需要到项目现场针对如下问题进行勘察：吊顶的完工情况，吊顶到地面的距离，灯具旁边是否有出风口、排风扇、光源灯孔等，以及吊顶的承重能力。

（3）**定制灯具如何解决吊顶承重问题？**

吊顶基本是由大芯板或硅酸钙板结合轻钢龙骨构成，所以大型、中大型、双层或多层灯具在安装前需要现场勘测吊顶是否能承重。如果超出承重范围，需要联系甲方及硬装设计施工一起解决承重问题。常用的方案是在屋顶打膨胀螺丝、安装膨胀杆、根据灯具的重量加装不同的吊杆数量等。

（4）**灯具该如何安装？安装人员是在当地请，还是由厂家安装？**

小型常规灯具的安装可以由当地的安装人员来安装，中大型、结构复杂、非标准类灯具最好是由厂家安装经验丰富的专业人员进行安装，因此在报价时需要把安装费一起算上，有些项目因为跨省工作，还需要算上住宿、差旅费用。

（5）**验收时已定型的灯体在运输挤压过程中变形、损坏了怎么办？**

先拍照存档发送给厂家追责物流公司，再查看变形受损的严重程度，与安装人员实地协商解决方案，最后确定是否发送至厂家维修。尽量现场解决，避免因调换货影响项目验收时间。

四、窗帘的下单流程、验收

窗帘在软装产品中占据重要的位置，兼具美观性和实际功能性的作用。不同的窗型需选用不同种类的窗帘，窗帘类型不同，所用材料、工艺、下单、制作流程都大不相同。

1 窗帘基础常识

窗帘是室内空间必不可少的软装元素，具有实用与装饰双重功能。窗帘所涉及的种类较多，包括最常见的布艺帘以及各种成品帘。

▲ 窗帘在室内不仅具有隔热、遮光等实用功能，也在一定程度上装饰了空间

扩展知识

随着时代的进步，电动窗帘的出现频率也越来越高。电动窗帘有开合和升降两种，常规空间如果有需求，用电动开合窗帘即可；对于挑高窗户（超过 4.7m）一般情况下都需要加装电动升降窗帘。另外，电动窗帘还需要配备电机和遥控。若窗帘过重，需进行窗帘盒及轨道加固处理。

①窗帘的类型

根据窗型、风格和空间需求等，可以将窗帘划分为常见的六大类型，即布帘、百叶帘、卷帘、蜂巢帘、罗马帘、垂直帘等。除了布帘和罗马帘，其他类型的窗帘多为成品帘。

类目	特点	适用空间	图示
布帘	◎外观样式多变，图案丰富，有极高的装饰观赏性 ◎吸湿性好，手感柔软、可遮阳、消声、隔热及调节室内光线	◎适用于住宅及各种商业空间	
百叶帘	◎用铝合金、木竹烤漆为主加工制作而成，通过调整帘片角度控制光线射入 ◎最大特点在于光线角度任意调节，使室内自然光富于变化，且具有耐用常新、易清洗、不老化、不褪色、遮阳、隔热、透气防火等特点	◎适用于居室中的书房、卫浴、厨房	
卷帘	◎将窗帘布经树脂加工，卷成滚筒状，采用拉绳或链子进行升降 ◎操作简单方便，外表美观简洁，结构牢固耐用，收放自如，可过滤强日光辐射，改造室内光线品质，有防静电、防火功能	◎适用于住宅客厅，商业办公场所	
蜂巢帘	◎侧面似蜂巢、蜂窝结构，有效防潮、隔热和防紫外线 ◎可调节室内光线，防静电、容易清理	◎适用于住宅客厅、卫生间及部分商业空间	
罗马帘	◎最顶端贴在罗马轨上，窗帘由下往上水平折叠上升 ◎分单幅折叠帘和多幅并挂的组合帘 ◎造型别致，升降自如	◎扇形罗马帘适合餐厅，矩形罗马帘适合书房	
垂直帘	◎因叶片一片片垂直悬挂于上轨而得名，可左右自由调光，以达到遮阳目的 ◎帘片表面光洁度好，具有隔音、隔热、防潮、防紫外线等功能，易于清洁、不易褪色	◎适用于住宅客厅及部分商业空间	

②布帘的基础常识

布帘组成：在众多的窗帘类型中，以布帘的应用最为广泛，也是软装下单项目中十分重要的产品类型。其构成相对多样化，由帘体、辅料、轨道组成，涉及的面料、款式、工艺众多。

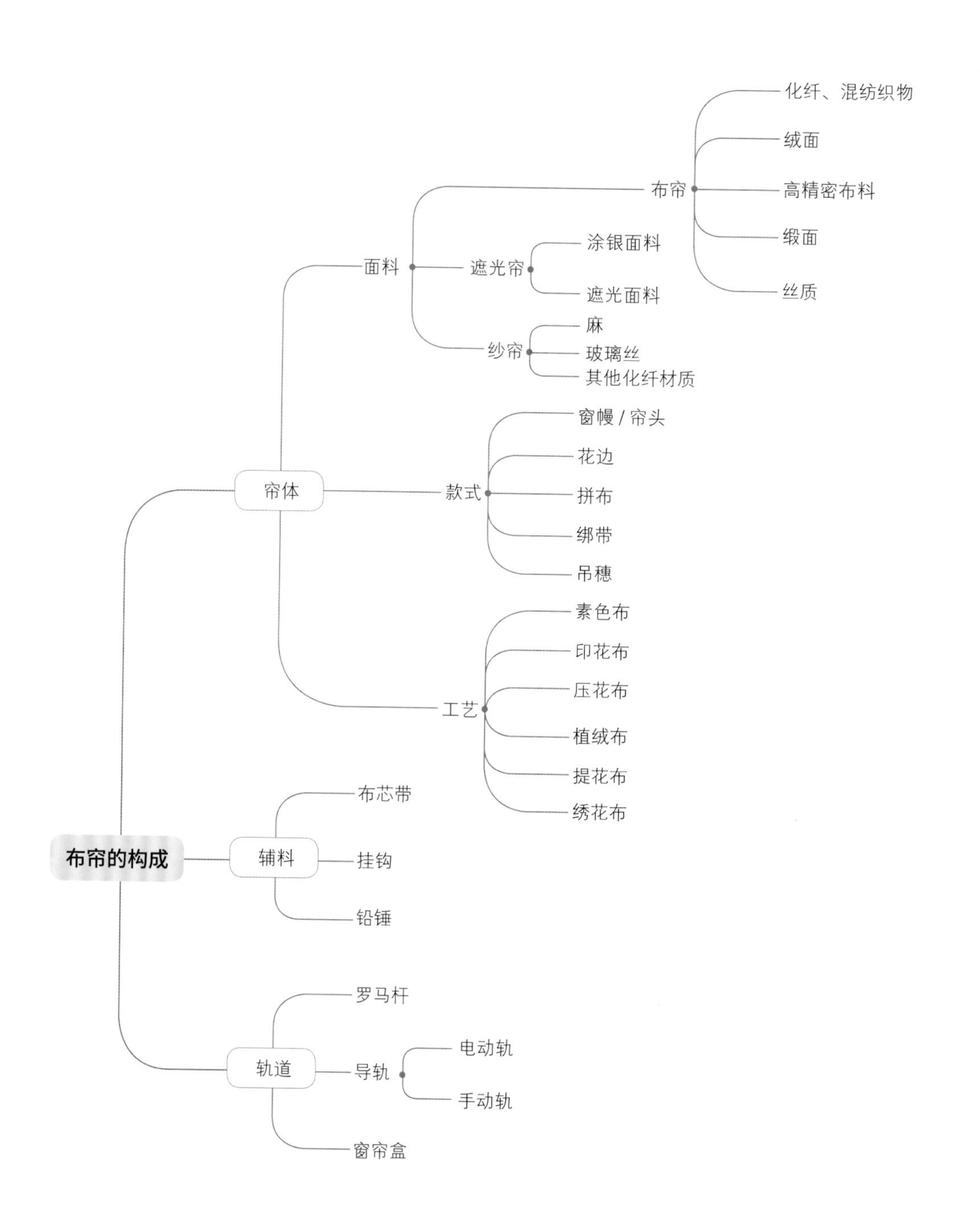

布帘常见面料：布帘面料品种琳琅满目，常用的材质包括化纤、混纺、绒面、棉/麻、高精密布料、缎面丝质等。布帘由三部分组成：一是用来装饰的布帘，二是布帘背面的内衬、遮光布，三是调光但不遮光的纱帘。

在软装项目中，所选用的窗帘面料不同，其质地的触感、垂度、价位、品质都会有所差别。具体选择时一般可以采用两种方法，一是根据预算选择，二是根据风格选择。

类目	价格区间	优点	缺点	适用风格	图示
化纤/混纺面料	15~65 元/m	防水、防油、防晒、抗皱	透气性差	多用于预算较低的商业场所；多用于简约、现代等风格	
绒面	25~110 元/m	隔热、吸音、遮光好	易吸尘，不易清洗	多用于现代轻奢、北欧、复古等风格	
棉/麻	25~120 元/m	质地柔软、垂感好、肌理感强	遇水会收缩	多用于北欧、现代、日式等风格	
高精密布料	30~180 元/m	质地顺滑，遮光不易沾灰，性价比较高	面料的支数越少就越薄，越容易破损	多用于现代风格；根据加工方式也可用在美式、欧式等其他风格	
缎面	35~500 元/m	平滑光亮、质地柔软	品质差的有勾丝情况	多用于轻奢、后现代等风格；根据加工方式不同，也可用在简美、新中式等风格	
丝质（真丝、人造丝、蚕丝）	70~500 元/m	细腻精致、光泽柔和	易皱、易缩水	常用在高档、有品质的空间	

布帘常见款式：布帘帘体的设计十分多样，根据风格、预算的不同，其帘头的设计，花边的款式，拼布的搭配，绑带、吊穗等辅料的选择均有所不同。

窗幔 / 帘头	◎窗幔也叫幔头，跟帘头稍微有点区别，即窗幔相比帘头更复杂、款式更繁多；窗幔由旗和水波幔头组成 ◎市场上常见的帘头有褶皱帘头和成品帘头 ◎适合做帘头的空间一般是采光较好，层高超过 3m 以上的挑高房型	 水波幔头  平行帘头
花边	◎一般缝制在帘身开合处或下摆处的装饰布条 ◎花边类型有图案、花纹等；缝制的工艺有滚边、坎筋等 ◎花边常用在新中式、简美、欧式、法式等风格中	 花边 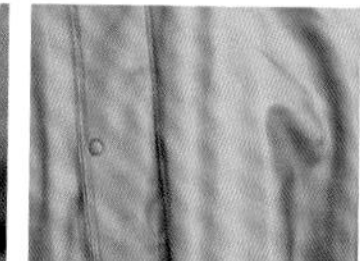 坎筋
拼布	◎由两种或三种颜色拼接而成，一般由一块主布和一到两块拼布组成 ◎常见的拼布类型有开合处拼布以及上下分段拼布 ◎拼布根据造型适应不同风格，如设计了帘头及图案的适用于简美、新中式等风格；而简单素色拼布多用在现代、简约、北欧、轻奢等风格中	 双色拼布  上下拼布
绑带	◎绑带的种类多样，有本布绑带、穗子绑带、挂球绑带、工艺绑带等 ◎绑带根据风格和窗帘设计进行选择：本布绑带和挂球绑带多用在简约、现代、北欧等风格中；穗子绑带和工艺绑带多用在新中式等较豪华的风格中	 本布绑带 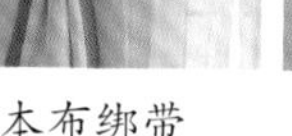 挂球绑带  流苏穗子绑带  珍珠绑带（工艺绑带）
吊穗	◎吊穗一般用在窗幔及窗帘开合处 ◎常用的有流苏吊穗、水晶珠吊穗等 ◎吊穗通常根据窗帘的风格来设计	 流苏吊穗  水晶珠吊穗

布帘常见工艺：布帘的工艺类型也是十分多样化，不同的工艺适用不同的室内风格和空间。

素色布	◎将织好的布匹下缸染色，为无花纹、无图案的纯色工艺 ◎根据面料不同，通常用在现代、简约、北欧、轻奢等风格中	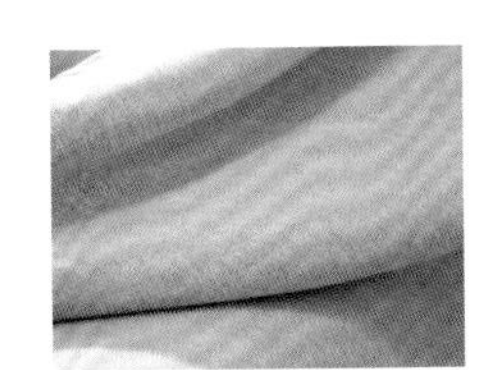
印花布	◎将花形、图案等以染印的工艺印制在布艺上，多数面料材质是天然纤维 ◎适合舒适的卧室、书房等空间	
压花布	◎将花形、图案用压力机压制在布艺上，图案留在表面，烫出来的部位会呈现亮色，图案不会渗透到布的纤维中	
植绒布	◎以布艺为底材，正面植上尼龙绒毛或粘胶绒毛 ◎植绒布艺抗晒性差，适宜用在抱枕等产品中，或者光照不强烈的室内空间	
提花布	◎在织布时以经线、纬线交错织成的凹凸花纹的纺织品 ◎根据面料材质不同，提花布艺的价格相差很大	
绣花布	◎将各式花形以手工刺绣或电脑刺绣的形式展现在布艺上 ◎绣花布立体感强，可自由选择图案、花纹定制 ◎价格因选用的面料和工艺的复杂程度有较大的差异	

2 布帘的制作流程

除布帘外，其他几类窗帘在定制过程中相对比较常规，并且下单流程、验收方式基本相似，大致流程为：

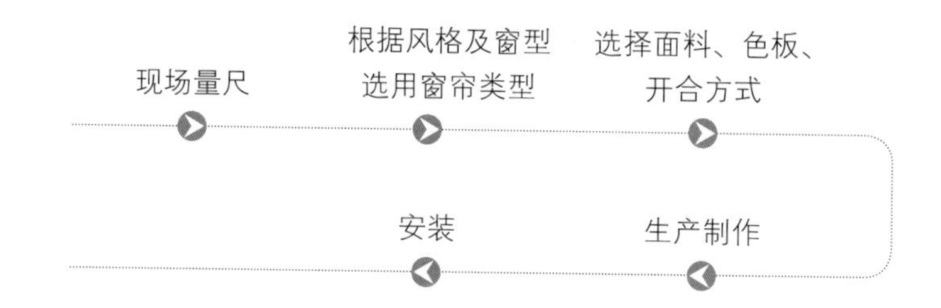

布帘在设计过程当中涉及和需要了解的知识点较多，并且由于布帘在窗帘行业中并无正式的工艺技术标准，大部分的窗帘厂家没有生产技术指标， 市面上还有一部分是窗帘代加工，即选好窗帘布之后，代加工厂根据设计要求对布艺进行裁剪、缝制、拼接等处理工作。

常规的布帘加工制作流程大体可以分为 11 个步骤，即：

审单	◎对《软装产品下单清单 – 窗帘订货单》中的加工单布料与标注型号是否一致进行审核 ◎查验图案花型与需要制作的花型是否一致 ◎复核需要定制的窗帘的高度、宽度及拼接的布料型号、尺寸
画线	◎将要制作的布料摊平，向上量出高度后画线，裁剪时两边需预留卷边 ◎如果布料有主花先找主花，对好高度之后再裁剪，上下预留缝头 ◎量出每个配色布的尺寸并画线，留出缝头

拼接	◎将主布与配布拼接，在拼接处拷边 ◎主布与配布的面料最好是一样的，避免高温和水洗处理时面料发生缩水情况，造成窗帘起扭、皱褶
装布带	◎在拼接好的布料最顶层装上无纺布袋，注意走线止口宽窄一致，正面布料不起扭不起皱，背面不露缝头
装花边	◎按照款式图或设计要求将花边缝上
卷边	◎将窗帘从两边往里折缝制卷边，下摆缝制大卷边，注意两边缝头匀称美观，大小一致
定中心	◎将布料放在地面摊平，检查布带的宽度与窗帘宽度是否一致 ◎然后按花位中点在无纺布带上标出点位，把每个点对折叠成方块，检查每个折大小是否一致 ◎将布带放入打孔机打孔
整烫	◎先烫拼接位置，接着熨烫花边 ◎然后将窗帘对折烫两边，最后把窗帘摊开熨烫中间部分 ◎熨烫完后要将窗帘平摊或者挂起冷却定型
检查	◎将窗帘挂起，按花位理好每一个折 ◎首先检查尺寸是否准确，然后检查花位是否高低一致，侧边是否平服顺直，最后检查装的珠子是否有缺少，如有缺少要及时补上
手工	◎用尺定位需要做手工处 ◎然后把窗帘摊平，用针线或者热熔胶固定水钻、铁链、吊穗等，等胶水完全冷却凝固后，方可移动布料
打包	◎确认窗帘全部完成并没有质量问题后，在无纺布带背面的右侧统一贴上标签，标签上必须注明项目名、空间区域、位置、尺寸等

3 与窗帘厂家对接工作的阶段

第一阶段：清单、订货单阶段

根据清单方案选用的窗帘款式、尺寸以及材质描写，寻找窗帘物料板，将最终选择的面料、纱、花边、拼布及型号拍下来，并根据所选物料板图片及型号填写《窗帘订货单》。

第二阶段：窗帘厂家复尺、排单阶段

窗帘厂家根据窗帘订货单安排量尺人员现场对窗户进行复尺（或由公司布艺设计师完成），然后对订货单进行审单、安排布料订货、辅料的配备与制作生产，布帘的定制周期约为 15~25 天。

第三阶段：窗帘验收阶段

定制窗帘的验收通常在项目现场进行，由厂家将定制的窗帘及辅料一起寄送到项目现场。

验收时可将窗帘整个挂起，查看尺寸是否有误、面料是否按选择的型号制作、窗帘垂坠感是否良好、有无线头污渍等情况，如在运输过程中窗帘面料起皱，可在悬挂后做熨烫定型处理。

窗帘常见问题解答

（1）**窗帘订货单下单之后，厂家却告知所选布料无货了，怎么办？**

在窗帘下单后厂家突然告知这款布料不生产了，这就意味着要更换布料，导致工期延长。为避免这种情况，在下单前就应该跟厂家确认清楚，所选布料是否都能够按时出货，也可以要求厂家向其他同类型厂家购买进货。如上述两种办法均不可行，就只能更换布料，并尽量在工期内出货。若因不可预估的情况发生，有可能导致工期延长，则一定要致电客户说明情况。

（2）**由于导轨安装不稳，导致后期窗帘掉落，怎么办？**

有些窗帘盒由硅酸钙板制作，无法承受整幅窗帘的重量。但有些安装人员为了赶工时，会直接将导轨装在硅酸钙板上，导致后期窗帘会掉落下来。为了避免这种情况的发生，在安装之前就要叮嘱安装人员测试窗帘的承重，并在安装导轨钉螺丝处打木方加固。

（3）**窗帘送达现场，发现尺寸不符，怎么办？**

此时要先打电话向客户说明情况，然后拍下窗帘布带上的尺寸标签，并与厂家协商沟通返厂重做，之后核实清楚此次错误的责任方。

（4）**窗帘在现场悬挂后才发现遮光不够或者过度遮光，怎么办？**

若窗帘遮光不够会产生透光现象，在老人房使用非常影响睡眠；而若儿童房的窗帘过度遮光，则会导致儿童嗜睡、无精打采。公共空间的窗户遇到西晒时，由于窗帘遮光不够，则会导致室内家具暴晒，容易损坏。因此，窗帘的遮光问题，在窗帘设计之初就要引起重视，将窗帘的使用部位以及空间状况一一确认清楚后再选择合适的窗帘。

（5）**窗帘要如何后期维护？**

对于普通布料制成的窗帘，可用湿布擦洗或按照常规用清水或洗衣机洗涤；如果是缩水面料应尽量选择干洗。对于一些面料特殊、大幅窗帘最好联系专业的窗帘护理公司定期拆装与清洗。窗帘一般应 3 个月清洗一次，春夏两季可 2 个月清洗一次。

五、地毯的下单流程、验收

地毯又名“地衣”，因其功能性不强以及不便清理的缺点常在住宅设计中被忽视，而实际上地毯有着隔音、保温、舒适、增加空间层次感等诸多优点。地毯根据材质、色彩、图案以及制作工艺带给人不同的触感及视觉心理感受。

美化环境　　减低层高

▲ 地毯用于家居空间既能展现美观，也能在一定程度上改善空间缺陷

1 地毯基础常识

地毯具有柔化空间的作用，被称为家居中的第五面墙，是以棉、麻、毛、丝、草等天然纤维或化学合成纤维类原料，经手工或机械方式进行编结、栽绒或纺织而成的地面铺敷物。地毯构成分为软面、衬料和背衬三部分。

软面	◎即能看到、能摸到的线纱 ◎检验软面的质量一看密度，软毛的密度越大，地毯质量越好；二看面重，面重值越大，地毯质量越好；三看纤维，长纤维比短纤维好；四看捻度，捻度越大，地毯质量越好	
衬料	◎粘在地毯下面的一层隔离层 ◎可隔音，增加地毯的舒适感	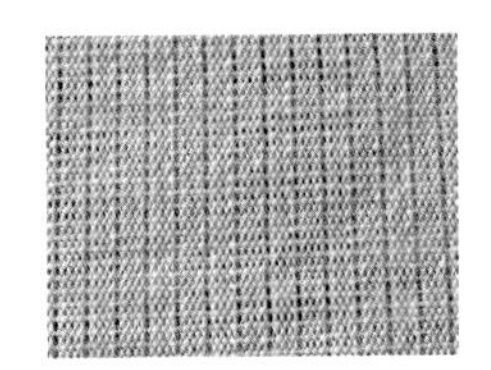
背衬	◎用来固定软面毛撮，决定着地毯的强度和稳度 ◎背衬通常有两层，分别是第一层背衬和第二层背衬	

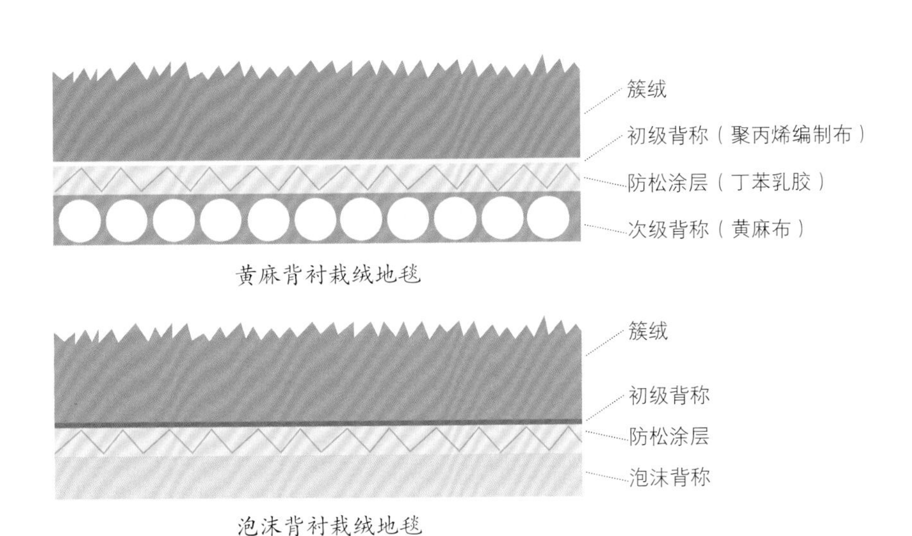

▲ 塑料地毯结构示意

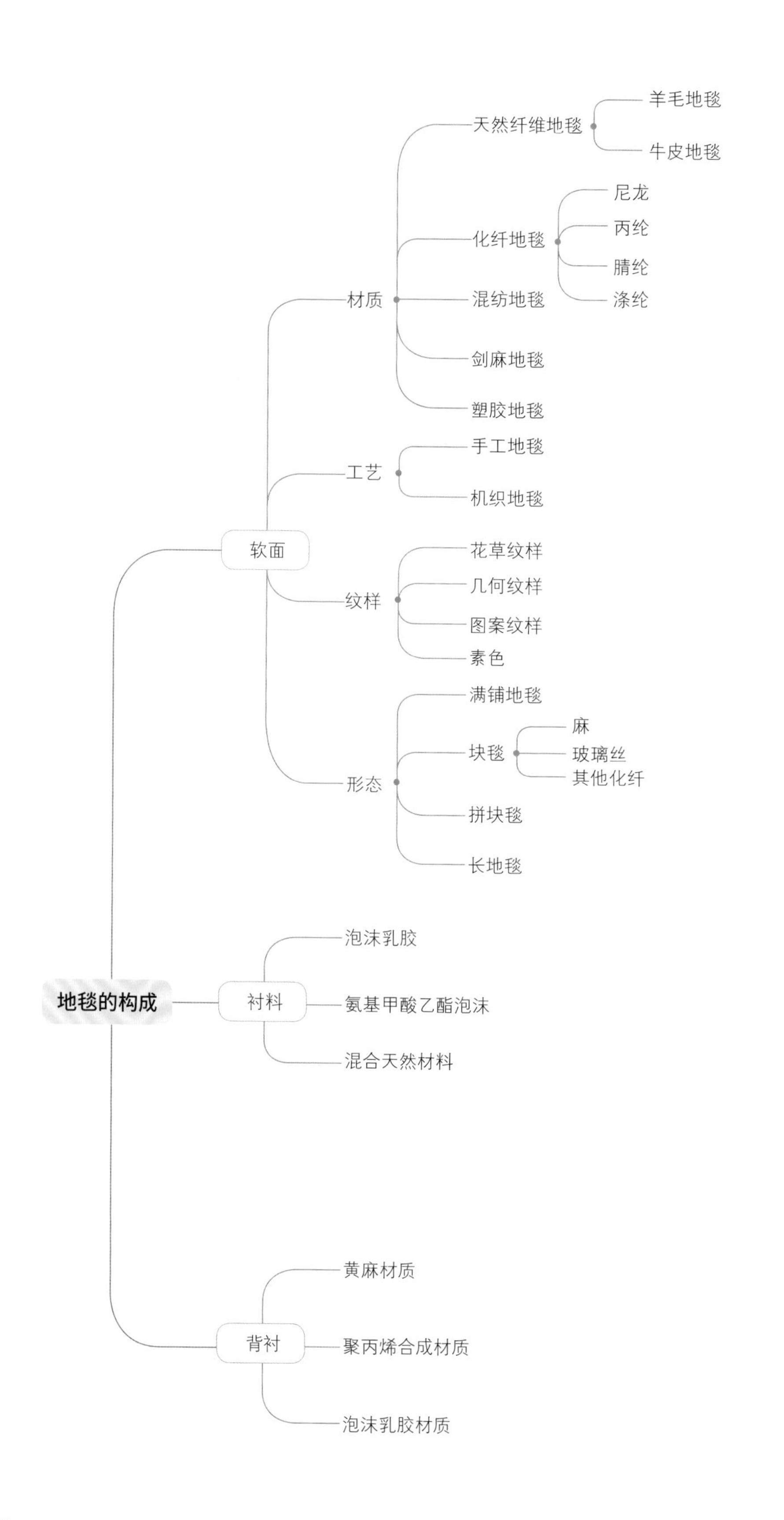
地毯的构成
软面
材质
天然纤维地毯
羊毛地毯
牛皮地毯
化纤地毯
尼龙
丙纶
腈纶
涤纶
混纺地毯
剑麻地毯
塑胶地毯
工艺
手工地毯
机织地毯
纹样
花草纹样
几何纹样
图案纹样
素色
形态
满铺地毯
块毯
麻
玻璃丝
其他化纤
拼块毯
长地毯
衬料
泡沫乳胶
氨基甲酸乙酯泡沫
混合天然材料
背衬
黄麻材质
聚丙烯合成材质
泡沫乳胶材质

①地毯常见种类

地毯常见的种类有五种，分别为天然纤维地毯、化纤地毯、混纺地毯、剑麻地毯和塑胶地毯，因材质不同所产生的触感、隔热隔音效果不同、价格也不同。

类目	特点	价格	图示
天然纤维地毯	◎分为羊毛地毯和牛皮地毯 ◎羊毛地毯以羊毛为原料，柔软亲肤保暖降噪，但防虫、防菌、防潮性较差 ◎牛皮地毯常以巴西奶牛皮为原料，地毯皮质均匀、柔滑、自然，但抗油污性较差	羊毛地毯 800 ～ 1500 元 /m^2 牛皮地毯 3000 ～ 5000 元 / 张	
化纤地毯	◎材质可分为尼龙、丙纶、腈纶、涤纶等 ◎化纤地毯的抗污性、耐磨性较强，性价比较高，易于清洗和护理，被广泛选用 ◎易燃、易吸附灰尘	尼龙地毯 100 ～ 400 元 /m^2 丙纶地毯 100 ～ 700 元 /m^2 腈纶地毯 200 ～ 500 元 /m^2 涤纶地毯 45 ～ 200 元 /m^2	
混纺地毯	◎混合自然纤维和合成纤维材质制作而成 ◎耐磨性、质感较好 ◎易燃、易吸附灰尘	混合材质不同约 65 ～ 850 元 /m^2	
剑麻地毯	◎天然物料编织形成 ◎天然环保、防虫蛀、防细菌、耐磨损，还可调节室内环境温度 ◎舒适度不够、清洗不便	品牌不同约 80 ～ 1200 元 /m^2	
塑胶地毯	◎采用聚氯乙烯树脂、增塑剂等多种辅助材料制作而成 ◎质地柔软、耐磨、易清洗 ◎易燃，美观度不够	5 ～ 65 元 /m^2	

扩展知识

地毯的选择方法：

（1）根据铺设区域选择。如客厅、卧室、商业空间等区域尽量选择短绒材质的地毯，短绒相比较长绒更易于打理。如果客户非常喜欢长绒地毯，可以在不常活动的区域，如阳台、书房的一角放置一块小尺寸的长绒地毯。

（2）根据使用者选择。特殊群体，如孕妇、宝宝或有宠物，应尽量选择短绒的抗污性强、易打理、抗发霉蛀虫的地毯。另外，为了方便清洗，最好选择小尺寸。羊毛和丝质地毯是十分适宜的选择，其他材质，如聚丙烯、棉质、碎布毯，也可以考虑。

（3）其他。客户预算及设计风格也是选择地毯材质时应考虑的因素。

②地毯常见工艺

手工地毯：分为两种制作工艺，一种是选用纯羊毛和真丝为材料，纯手工编织而成；一种是手工枪刺地毯，枪刺毯是在特制的胎布上，将各种色线用手工刺枪刺出图案。

▲ 手工编织地毯

▲ 手工枪刺地毯

机织地毯：根据制作工艺与工序不同，分为簇绒地毯、机织威尔顿地毯、机织阿克明斯特地毯。由于机织地毯采用机械化生产，性价比高，适合大批量生产。但缺点是编织幅面因机械设备的限制受一定局限，幅面超出 4m 时需要拼接。

▲ 机织地毯

③地毯常见纹样

因染色纱线的色彩多样，使得地毯的纹样丰富多变，根据不同的室内风格有不同的选择。地毯的常规纹样有四种，分别为花草纹样、几何纹样、图案纹样及素色地毯。

类目	特点	适用风格	图示
花草纹样地毯	根据花卉、植物肌理图案制作，呈现富贵典雅、丰富艳丽的形态	√欧式古典风格 √自然类风格	
几何纹样地毯	运用几何元素搭配不同颜色制作，呈现强烈的现代感	√北欧风格 √现代风格	
图案纹样地毯	根据实物、风景、元素图案或经演变的实物、元素、风景等图案制作	√根据色彩和图案分别对应不同风格	
素色地毯	采用单一的色彩制作，给室内空间带来简洁、宁静感	√现代风格 √简约风格	

④地毯的形态

满铺地毯：根据室内条件进行裁剪，并将地毯满铺室内，可以围住整组家具。满铺地毯常用在商业空间的会议室、办公室、酒店客房、走廊等场合。

▲ 素色满铺地毯

块毯：常用块毯分为圆形块毯、方形块毯、异形块毯三种。因具有舒适保暖、降低噪音、营造氛围的优点，常被用在家居空间中。铺设块毯时可根据地面的拼花和家具的摆设方式来选择合适的形状。

圆形块毯

方形块毯

异形块毯

拼块毯：拼接的方块地毯，常规尺寸有 500mm×500mm 和 914mm×914mm 两种，也有一些其他异形。因具有拆铺便捷、易于更换的特点，常用在办公场所。

▲ 拼块毯常用于办公场所

长地毯：长地毯在材质、纹样和色彩上与其他地毯无异，只是形状以长条形为主。常用在走廊、过道、楼梯以及商业性的展览展会上。

▲ 长地毯一般用于狭长型空间

2 地毯的制作流程

根据地毯的制作工艺不同，手工地毯和机织地毯的制作工序也不相同，市面上常见的是手工枪刺地毯，其生产制作流程为：

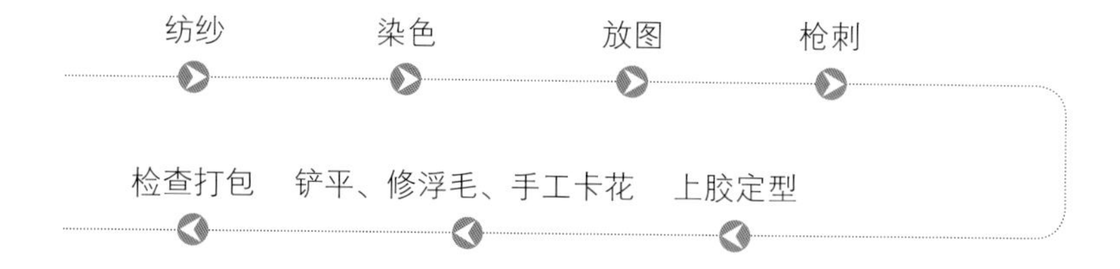

纺纱	◎利用纺织机将棉、麻、丝、毛及化纤等细捻成线或纱
染色	◎将捻好的纱或线利用技术设备着色
放图	◎根据设计的地毯花纹图样，将其按照地毯的尺寸放大，打印成线稿蓝图 ◎依照蓝图上的方格用不同的符号标识，每个符号代表了一种不同颜色的毛线
枪刺	◎根据机梁上挂着的图案，用电枪将不同颜色的纱线扎在图案上，形成了密实的地毯形状
上胶定型	◎把枪刺完图案的地毯按尺寸放样在 CAD 上 ◎将地毯专用网布平整满铺在地毯背面，把胶液均匀的刷在网布上，再用烘干机将地毯的胶背烘干，并进行包边处理
铲平、修浮毛、手工卡花	◎用平毛机将毯面修剪平整，并清理地毯上的浮毛 ◎针对有立体感的图案用电剪刀修剪出富有层次感的毯面，再清理一次浮毛及除尘处理
检查打包	◎完工后需检查地毯图案、颜色及尺寸是否与下单要求一致 ◎地毯织面平整度是否良好 ◎地毯背面胶水是否均匀，有无透胶现象 ◎卡花线条是否流畅圆润，最后利用打包设备打包

3 定制地毯和厂家的对接工作

第一阶段：绘图阶段

打印《软装产品下单清单 - 地毯》。填写完成后，将清单方案选用的地毯款式、尺寸以及材质描写发送给厂家，厂家根据款式图绘制地毯设计图，注意颜色是否有偏差、绘制纹路方向是否正确。

第二阶段：选择丝号、色线

厂家寄送丝线色板，并单独标记定制地毯所选用的丝号色线并拍照，注意查看地毯丝线簇拥在一起的横截面颜色。

第三阶段：厂家排单并制作生产

确认丝线色号无误后，厂家安排生产，手工编织地毯的生产周期根据图案复杂性以及产地约为 30~60 天，手工枪刺地毯根据复杂性生产周期约为 15~20 天。

第四阶段：验收打包

可到厂家实地验收或采用厂家拍照 / 视频传送的方式进行验收。

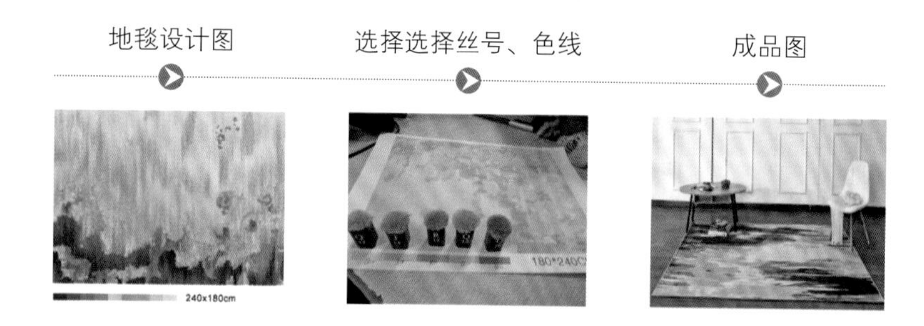

要点

验收时应注意如下问题：地毯颜色是否按照色号制作，毯面是否平整，交接处及收口是否顺直、紧实等。

地毯常见问题解答

（1）地毯的形态该如何选择?

无论是定制地毯还是成品地毯，其形态都可以根据家具摆设来选择。例如，家具摆设成方形可以选择方形地毯，家具摆设成圆形可以选择圆形地毯。

（2）地毯日常应如何护理?

所有地毯的绒毛都有藏污纳垢的缺点，为避免地毯吸附灰尘，最好一周进行 2 次吸尘护理；产生污渍时需要第一时间清理干净；雨季容易产生霉菌，可请专业的清洗地毯机构 2~3 个月进行一次彻底的清洗。

六、装饰画的下单流程、验收

装饰画在软装中的占比较小，但却具有迅速改变空间格调的功能。软装设计师应具备良好的审美鉴赏能力，才能驾驭挂画与空间的关系。了解装饰画的构成、了解与厂家如何对接工作，并掌握装饰画的挂法，可以帮助设计师更好地工作。

▲ 装饰画在室内装饰中往往能够起到画龙点睛的作用

1 装饰画基础常识

装饰画的构成有五个部分，即画框、画芯、画面、配件和背板，画框、画芯、画面的材质和工艺在制作软装清单时应加以标注区分。其中的画芯是指装饰画未装裱之前画面内容所附着的基材部分。

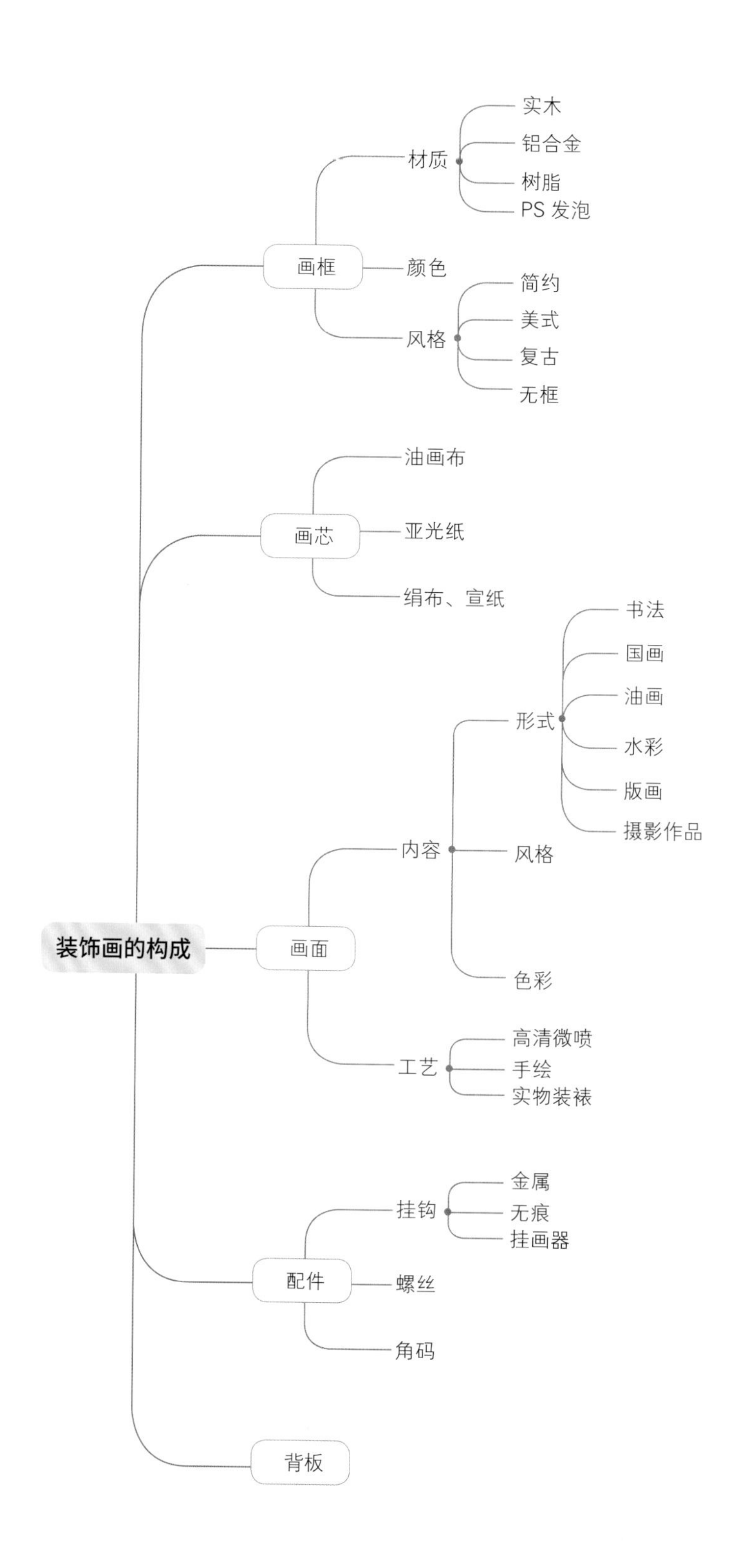
装饰画的构成
画框
材质
实木
铝合金
树脂
PS 发泡
颜色
风格
简约
美式
复古
无框
画芯
油画布
亚光纸
绢布、宣纸
画面
内容
形式
书法
国画
油画
水彩
版画
摄影作品
风格
色彩
工艺
高清微喷
手绘
实物装裱
配件
挂钩
金属
无痕
挂画器
螺丝
角码
背板

①画框

画框材质：

类目	特点	常见色彩	适用风格	图示
实木画框	◎以木材为原料，经烘干、造型、表面做漆或贴箔工艺处理制作的画框 ◎常用木材有杉木、松木、楸木等	根据木材材质常见的有原木色、胡桃木色、柚木色、红木色、咖啡色等	根据画框造型、工艺及宽窄，常用在如下风格中： √简约风格 √新中式风格 √北欧风格 √简美风格	
铝合金画框	◎以铝合金型材条为原料，经喷漆或电镀工艺处理 ◎表面呈磨砂、亚光、拉丝、亮面等不同工艺	根据表面处理工艺常用的有香槟色、钛金色、亮银色、亚光银色、亮黑色、亚光黑色等	可根据不同颜色搭配在如下风格中： √现代风格 √简约风格 √轻奢风格 √后现代风格	
树脂画框	◎以环保树脂为原料，易于成形 ◎可作为高强度有雕花产品的材料	根据画框宽窄、雕花，常见的有复古金色、复古银色、复古黑色以及其他复古仿色等	常用于如下风格中： √复古法式风格 √复古美式风格	
PS发泡材质	◎采用环保高分子PS材料经过特殊工艺制成框条，表面处理成单色或仿木纹处理 ◎质量轻便，便于加工	根据其原料的可塑性和性价比，能制作出上述几种画框材质的造型及材质所用的颜色	根据框条颜色及造型，常用于如下风格中： √现代风格 √简约风格 √北欧风格	

画框风格：

类目	特点	图示
简约画框	◎线条简单、大方，以铝合金和 PS 发泡材质为主 ◎色彩以黑、白、金、木色居多	
美式画框	◎线条层次感丰富，大部分表面经过特殊滚珠工艺处理，以实木和树脂材质为主 ◎以仿木色、复古做旧色居多	
复古画框	◎线条框宽且较大，有内径和整框，画框表面有精致繁复的雕花、图案，以树脂材质为主 ◎色彩以金色、铜色、白银色居多	
无框	◎没有边框、装裱简洁、形式自由	

②画芯

画芯材质：

类目	特点	适用装饰画类型	图示
油画布	◎以棉、麻、化纤等原料制作的布面基材，分为进口油画布和国产油画布 ◎分为细纹、中纹、粗纹等	√油画 √喷绘画 √手绘画 √印刷画	
亚光纸	◎在原纸表面涂上白色涂料制作的纸面 ◎表面无光泽，有一定粗糙感	√油画 √版画 √喷绘画 √印刷画 √摄影作品	
绢布	◎以丝质作为原材料 ◎材质柔且有光泽，有纯白、亚光白、灰白三种	√中式书法画 √艺术照 √婚纱照	
宣纸	◎以树皮、稻草、水作为原材料制作而成，分为生宣和熟宣 ◎质地棉韧、光而不滑	√中式书法画 √水彩画 √水墨画 √工笔画	

③画面

画面工艺：

类目	特点	优点	缺点	图示
喷绘画	◎将图片通过电脑连接喷绘机打印 ◎定制工厂常用清微喷技术和 UV 肌理喷绘技术	√画面干净 √制作时间短 √成本低	√画面简单无层次感 √无颜料肌理触感 √保存时间超过两年会出现褪色现象	
手绘画	◎以手工技法将不同的颜料绘制在不同的画芯材质上	√画面层次感丰富 √保存时间长 √具有一定收藏价值	√人工手绘成本高且耗时 √新的油画作品存在颜料气味问题	
实物装裱画	◎以真实物体为画面内容装裱而成	√画面呈现效果立体 √画面内容丰富 √可制作各种风格及形式创作的艺术作品	√制作成本高	

喷绘画和手绘画的选择方式：喷绘画和手绘画的选择首先根据客户的预算。在现在的技术水平下，喷绘和手绘的工艺肉眼来看相差基本不大。如果对装饰画的呈现效果和质量要求不是太高，选择喷绘画性价比相对高一些。还可以根据画面内容的形式来选择，在预算不是很多的情况下，版画、摄影作品适合喷绘装饰画，而油画、书法、国画等适合手绘装饰画。

装饰画质量好坏的鉴别方法：可以从三个方面区分装饰画的好坏，即色彩质量、有无背板和装裱的好坏。其中，进口颜料和国产颜料的价格相差甚大，色彩颜料的不同影响着喷绘机器打印出来的效果。背板的主要作用则是使画悬挂时更平稳，多数厂家为了节约成本和制作时间，大多省略了背板这一项。装裱的好坏体现在画面是否平整无痕，覆膜均匀不起泡，边角切膜精准和细致。

2 装饰画的定制流程

在软装的所有产品元素里，喷绘装饰画的定制流程相对简单。常规流程如下：确定画面内容、尺寸、画框→根据画面内容形式选择合适的画芯，以及寻找符合风格的画框→下单厂家制作完成。

如果是手绘画、实物画及特殊材质的装饰画则需在确定画面内容、尺寸之后，致电厂家与之沟通需要使用的材质、制作工艺，以及期望达到的效果等事项，之后才能进入制作阶段。

3 定制装饰画与厂家的沟通工作

第一阶段：清单方案款式图下单

打印《软装产品下单清单－装饰画》，标明装饰画的款式、尺寸、材质工艺等信息，之后进行下单。

物品编号	区域/位置	物品名称	款式图	材质工艺	尺寸规格（mm）	数量	备注
P-01	客厅	电视柜装饰画		3mm黑胡桃木色实木画框/手绘	500×700	1	
P-02	老人房	床头装饰画		3mm黑胡桃木色实木画框/手绘	500×500	2	

▲《装饰画下单清单》填写范例

第二阶段：找图、买图

厂家根据款式图寻找合适的原画，有些找不到或者像素太低的就需要在网上各大平台进行图片素材采买或小件画品扫描扩大；然后进行高清喷绘，拍照或视频传送给设计师验收；在验收时需要确认画面的颜色是否有偏差、比例有无变形，及画面质感是否层次清晰等。

第三阶段：画框步骤

根据画框材质要求切割线条以及切背板，根据清单材质描述查看背板正面是否需要粘上卡纸、卡纸是否需要留白等。

第四阶段：组装及打包

上线组装，并且为装饰画的四角装上防撞护角，包上气泡膜，装盒后打包发货。

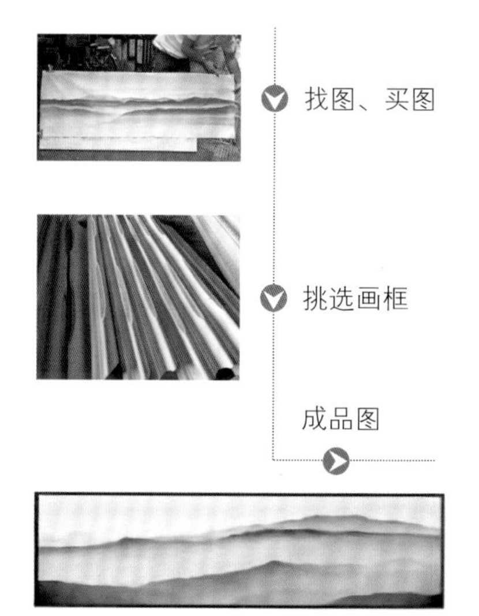

装饰画常见问题解答

（1）**软包或护墙板上能挂装饰画吗?**

对于有软包或者护墙板的墙面，使用金属或无痕挂钩挂装饰画，都会造成装饰面的损坏。不妨选择轨道挂画器（以轨道、缆绳和挂钩组成）来解决挂画问题。可以将轨道安装在吊顶上，用缆绳和挂钩钩住装饰画，再灵活地旋转和移动挂钩、挂件来调整好装饰画的悬挂。

（2）**定制装饰画是否需要考虑尺寸与承重？**

需要。若尺寸过大，画芯不宜选择宣纸。另外，挂画墙面需考虑是否能够承重，安装处有无其他装置遮挡影响。

（3）**画布和宣纸有什么不同及优缺点？**

画布适合油画、微喷等，大小型画布均适用。优点是上色感好，防潮不易损坏，保质期长;缺点是布面颗粒感明显。宣纸适合国画、水彩等，对尺寸要求常规在1.8m以内，优点是细腻、真实；缺点是超过3年纸质易发黄、不防潮、难长久保存。

（4）**喷绘装饰画和手绘装饰画该如何选？**

首先根据预算，预算较少可选择喷绘装饰画；再根据空间类型，品质住宅可选择手绘装饰画，商业空间则根据商业整体定位选择喷绘或手绘；最后根据悬挂空间区域，如果是主要或重要空间，可选择手绘装饰画，手绘装饰画较喷绘装饰画颜色层次丰富逼真，效果更好。

（5）**装饰画日常应如何护理？**

避免装饰画在阳光下长期直射，否则容易变色或褪色。另外，如果装饰画沾染了灰尘，可用软毛刷或鸡毛掸清理灰尘。

七、装饰品的下单流程、验收

装饰品指在空间中呈现的饰品摆件、艺术品、雕塑品、装置品和藏品等。装饰品除了具有可装饰观赏性，为空间增加艺术氛围外，部分装饰品还具备实用性。装饰品的下单通常以成品为主，而雕塑品、艺术品则需要定制。

▲ 装饰品的摆放在于精而不在多，合适的装饰品，往往能够起到画龙点睛的作用

1 装饰品基础常识

装饰品的选择一定要从空间的需求出发，综合考虑选择的物品与其他物品的关系。合适的装饰品陈列能起到烘托气氛、创造意境、丰富层次、强化风格、调节色彩等重要作用。

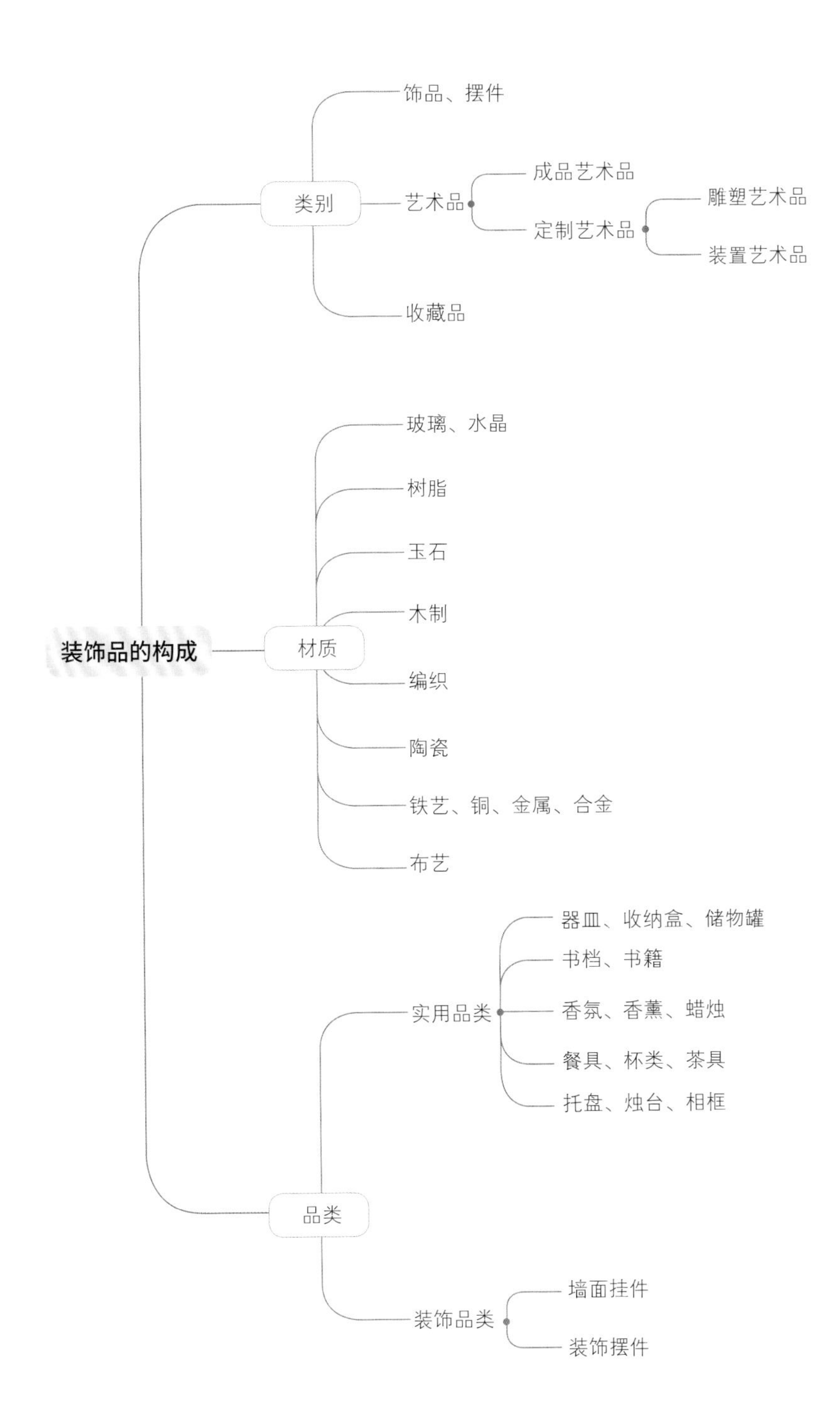
装饰品的构成
类别
饰品、摆件
艺术品
成品艺术品
定制艺术品
雕塑艺术品
装置艺术品
收藏品
材质
玻璃、水晶
树脂
玉石
木制
编织
陶瓷
铁艺、铜、金属、合金
布艺
品类
实用品类
器皿、收纳盒、储物罐
书档、书籍
香氛、香薰、蜡烛
餐具、杯类、茶具
托盘、烛台、相框
装饰品类
墙面挂件
装饰摆件

①装饰品常见类别

类目	特点	图示
饰品摆件	◎住宅空间以不妨碍功能性为原则，选择少而精的饰品 ◎商业空间则根据定位、风格、需求及设定的情景来搭配	
雕塑艺术品	◎多以铁艺、不锈钢、玻璃钢、青铜、石头、陶土等材质雕刻塑造而成	
装置艺术品	◎通常用在商业活动中心，能使观众置身其中并参与的艺术创作 ◎室内常用在展厅、美术馆、博物馆等以展示为目的的公共空间 ◎室外则常出现在大型购物中心、活动广场等商业活动空间	
收藏品	◎收藏品应具备三个特征：稀缺性、关乎人类文明发展、与人类进步相关 ◎家人或重要的人手工或传承的资源物品也可作为收藏品 ◎以收藏品作为软装装饰，传递的是一种穿越时空的情感、文化和精神寄托	

②装饰品常见品类（按功能划分）

实用品类：同时具备装饰性和实用性，包括盛放物品的瓶类、器皿、收纳盒、纸巾盒、书档、餐具、托盘、烛台、相框、香薰等。陈列要求为风格定位准确、精致美观，同时又兼有实用功能。

玻璃花器 / 树脂烛台

美观实用的餐具

绵羊书档

金属摆台相框

蓝色法斗纸巾盒

装饰品类：包括墙面挂件，以及台面、地面摆件，材质多以金属、木制、不锈钢为主。陈列要求是风格定位精确，能够表达人文内涵，传递空间氛围。

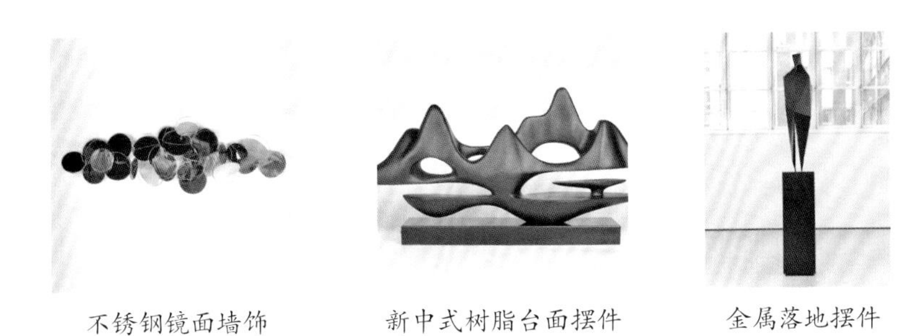

不锈钢镜面墙饰　新中式树脂台面摆件　金属落地摆件

▲ 主要起装饰作用的挂件和摆件，往往具有较强的视觉引导效果

③装饰品常见材质

由于时代发展的快速推动作用，装饰品的材质也一直在更新迭代。装饰摆件的材质也是五花八门，设计时可以将不同的材质、颜色、造型搭配在一起，令室内空间呈现出不同的装饰效果。

玻璃工艺品

▲ 色彩靓丽，质感通透，极具艺术性；最适合现代风格，其他风格也适用

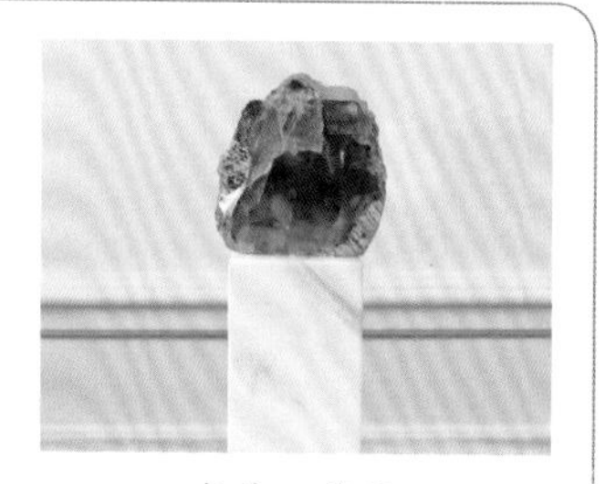

水晶工艺品

▲ 精莹通透、天然雅致，部分具有较高的欣赏价值和收藏价值；适用于多种风格及空间中

树脂工艺品

▲ 造型多样、形象逼真，可塑性、装饰性强且耐用；适用于多种风格及空间中

玉石工艺品

▲ 以佛像、动物和山水为主，多带有美好寓意，大部分都带有木质底座；适用于中式风格

木雕工艺品

▲ 木质坚韧、纹理细密、原料不同色泽不一，种类多样；适合中式及东南亚等自然类风格

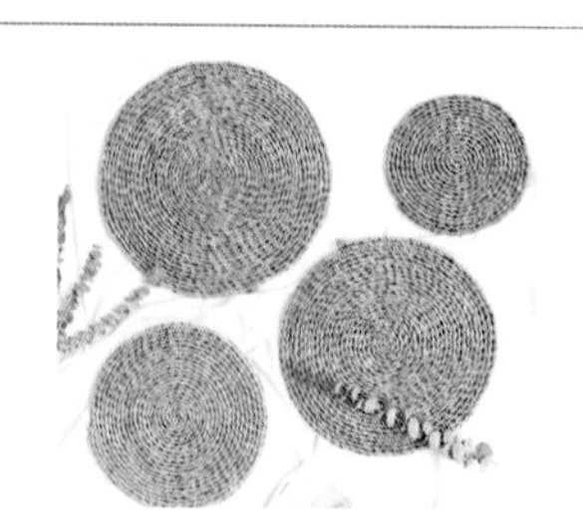

编织工艺品

▲ 天然、朴素、简练，颜色较少，多数为中性色；易搭配，经济实用；适用于田园、东南亚风格

陶瓷工艺品

▲ 款式繁多，色彩多变，质感古朴，主要以人物、动物或瓶件为主；适用于现代、简约、北欧等风格

铁艺工艺品

▲ 做工精致，设计美观大方；根据其表面着色以及造型不同适用于不同空间中

铜工艺品

▲ 包括青铜、紫铜和黄铜，现代工艺品常见黄铜制品，十分精美，品质较高，常用于有厚重感的空间

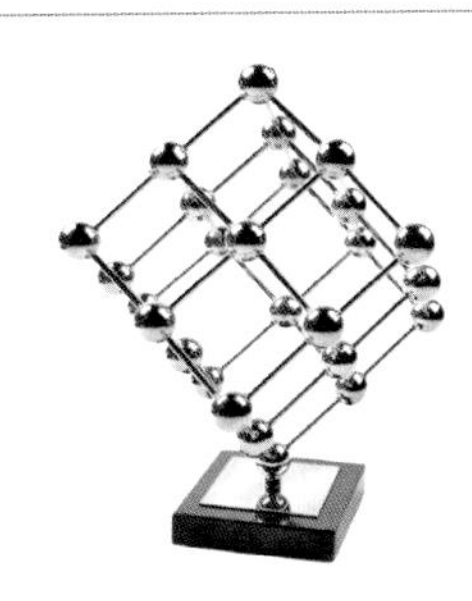

金属工艺品

▲ 属于特殊的金属工艺品，较结实，质地坚硬，耐氧化

合金工艺品

▲ 抗腐蚀、耐热性好，装饰性强，适用于多种风格及空间中

布艺工艺品

▲ 以布为主要材质，通过绣染或针织等工艺制成，精美的图案和立体感适用于不同空间中

2 定制装饰品与厂家的沟通工作

软装摆件多为成品，在相应风格厂家的产品库里挑选即可，即使部分装饰品停产或缺货，在不影响基本效果的情况下，可选择其他的款式替代。成品艺术品、藏品多来自名家的原创作品，因其独特、珍贵而稀有的特性，无法定制。装置艺术品由艺术家为特定的地点、空间专门设计和创作的，所以也不在定制的范畴内。因此，软装中装饰品的定制品并不多，主要以雕塑品为主。

第一阶段：出图

首先由软装设计公司出具大致的艺术品方案深化图，然后与雕塑品厂家沟通制作内容、材质、尺寸及细节要求，根据方案深化图绘制定制品的 3D 模型图，这个过程需要 3~5 天。

第二阶段：确认及生产

对定制品的 3D 效果每个面的呈现图以及比例进行确认，厂家对下单的定制品进行排单、物料准备、塑模及生产，常规制作时间需要 15~25 天。

第三阶段：验收出货

到厂家实地或由厂家拍照或视频发送对成品进行验收。需要查验产品的尺寸是否有误、造型有无差错、表面工艺是否精细等，验收完之后再进行包装，顺序为包膜→泡沫固定→装纸箱、编号→木架打包并发货。从验收到发货通常需要 3~7 天。

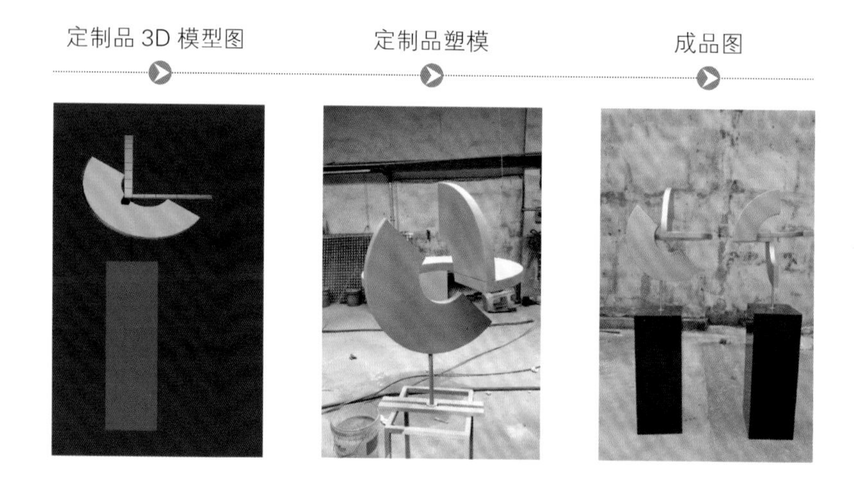

装饰品常见问题解答

（1）选用的装饰品不知道是哪个厂家的怎么办?

设计装饰品方案时，有时因时间关系会在网上随意挑选，导致后来做饰品清单时找不到落地产品，需要根据清单一个一个厂家去问，既浪费时间，有些产品还不易找到。正确做法是保证产品库有足够的饰品资源，并且有时间对厂家及产品的风格类型做适当了解，设计饰品方案时直接去相应的产品库里挑选。这样做的好处是能够快速做清单报价，也不会因选择新的产品而拉高造价。

（2）选择的装饰品厂家停产了怎么办?

装饰品若停产，一般就意味着不再生产了，也有部分产品可能是断货，但补货周期可能会很长。如果是这种情况，最好马上和甲方沟通，确保在不影响效果的情况下，更换其他饰品。

（3）厂家选购的饰品和淘宝的饰品有哪些不同?

厂家饰品

优点：能够快速报价，能够确定哪些有成品、哪些断货，可以同一批次发货，有产品售后服务。

缺点：价格略高于淘宝。

淘宝饰品

优点：价格比高、发货快，在售的基本都有现货。

缺点：无质量保证，来回更换产品加大时间成本，同一时间可能会在很多家挑选，发货及到货时间不一，需为装饰品预留足够的下单时间。

（4）下单装饰品如何避免瑕疵雷区?

装饰品的材质、种类非常多，同一件产品各个厂家因经验、工艺、设备等原因，所生产出来的产品都不相同。像这种情况一是需要事先在合同中与甲方确认清楚，因饰品的特殊性质，验收时的瑕疵及可调整范围在 5% 以内；二是在选择厂家时应具备以下几个条件，如品牌性高、多次合作、在某个风格产品领域内做的比较好、能发样品确认等。

（5）同一批次下单的陶瓷品，验收时差异较大怎么办?

陶瓷品在饰品里属于特殊性饰品，烧制时粘土干湿情况，高温烧制时温度、火候的变化都会直接影响到烧制出来的成品品相。因此，在设计方案中使用陶瓷定制品时，需要提前向客户解释清楚，以免客户看到成品时不满意。

八、花艺的下单流程、验收

花艺也叫插花，一般是由花艺设计师通过与软装设计师的沟通，根据空间调性选择匹配的花器与花材进行花卉艺术造型。花艺的组成相对简单，下单时主要以花材的颜色造型以及器皿的选择搭配在不同空间中。

▲ 装饰花艺最主要的功能是起到室内装饰作用，同时可以给空间带来生机

1 花艺基础常识

装饰花艺是指将裁剪下来的植物的枝、叶、花、果作为素材，经过一定的技术（修剪、整枝、弯曲等）和艺术（构思、造型、配色等）加工，将其重新排列组合，并进行色彩搭配，再以花瓶为容器，再现自然美和生活美的一项艺术，包含了雕塑、绘画等造型艺术的所有基本特征。花卉艺术由花艺、花器、配件三部分组成，其中花艺又分为花材类型、颜色、造型；花器根据功能需求分为不同的颜色、材质以及形状。

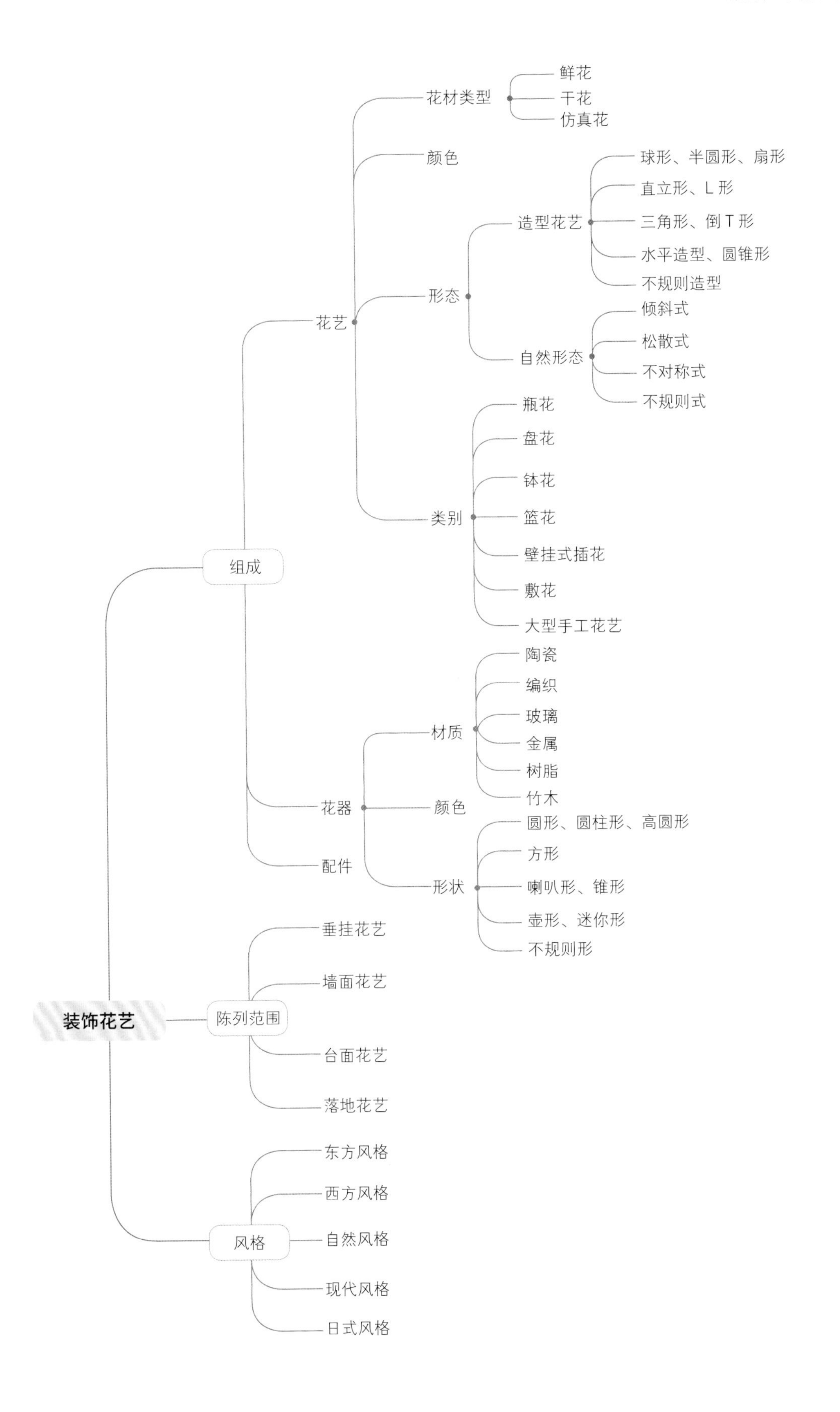

装饰花艺
组成
花艺
花材类型
鲜花
干花
仿真花
颜色
形态
造型花艺
球形、半圆形、扇形
直立形、L 形
三角形、倒 T 形
水平造型、圆锥形
不规则造型
自然形态
倾斜式
松散式
不对称式
不规则式
类别
瓶花
盘花
钵花
篮花
壁挂式插花
敷花
大型手工花艺
花器
材质
陶瓷
编织
玻璃
金属
树脂
竹木
颜色
形状
圆形、圆柱形、高圆形
方形
喇叭形、锥形
壶形、迷你形
不规则形
配件
陈列范围
垂挂花艺
墙面花艺
台面花艺
落地花艺
风格
东方风格
西方风格
自然风格
现代风格
日式风格

①花材类型

类目	特点	图示
鲜花	◎有生命的植物花材，充满大自然最本质的气息 ◎鲜花的保持时间较短、成本也高 ◎鲜花大多有本身自然的花香，考虑花粉过敏及鲜花特殊性，在选择摆放在室内空间时应当慎重	
干花	◎对新鲜植物经过加工制作成的花艺装饰 ◎干花一般保留了新鲜植物的香气，同时保持了植物原有的色泽和形态；与鲜花相比，能长期保存，但是缺少生命力，色泽感较差 ◎多用在特色餐厅、咖啡厅等空间	
仿真花	◎使用布料、塑料、网纱、PV 等材料制作的人造花 ◎仿真花根据质感、仿真度及材料制作成本不同，价位也相差甚远 ◎仿真花的保存时间较长，适合用在样板间、售楼部等商业空间中 ◎仿真花在不接受阳光直射的情况下，生胶类植物墙可保持 1 年左右，熟胶类植物墙室内可保持 2 年左右，花草类、抗氧化类材质室内可保持 4 ~ 5 年，胶面手感与泡沫手感材质室内可保持 2 ~ 3 年。但以上材质花材如在阳光下曝晒，根据材质优劣通常只能保持 3 个月到 2 年之间。 ◎仿真花若材质稍差，气味则略重，在室内空间味道持续 1 年左右才散；高仿材质的气味轻微，在室内空间味道 3 个月可散完，因此住宅空间应尽量少用或者不用仿真花	

扩展知识

仿真花和鲜花的选择方法：可以根据使用的空间及功能作用来选择。例如，商业空间多选仿真花，但在前台接待、VIP 室等处有临时需要时可选用鲜花。住宅空间可在客厅、书房、厨房区域放置鲜花，但卧室、餐厅有些鲜花则不适宜，因为部分鲜花特殊的香味对睡眠及就餐会有一定的影响。另外，由于鲜花需要后续的浇水、养护，因此要了解客户是否有时间来照看。

仿真花材质优劣的鉴别方法：（1）看。通过第一眼视觉效果看产品是充满塑料感，还是难以辨别真假。高仿花颜色逼真、纹路清晰、叶片大小均匀、层次感强；劣质仿真花的颜色失真、叶片纹路模糊。（2）摸。手触产品的材质质感，高仿产品一般接近真花，比如花瓣呈自然卷曲的状态，叶子有绒毛，树干、树皮手感逼真；劣质仿真花的手感较轻，质感粗糙，易产生碎屑。（3）闻。高仿产品材质中也包含部分原始材料，基本不会有浓烈的刺鼻味道；而劣质产品则存留 PE 软胶与材质加工产生的异味。

②花艺形态

花艺的形态丰富多样，根据使用空间可分为造型花艺和自然形态花艺。造型花艺常见的有圆形、半圆形、直立形、L 形、扇形、三角形、倒 T 形、水平造型、圆锥造型等；自然形态花艺常见的有倾斜式、松散式、不对称式、不规则式等。软装设计师需要根据不同的空间风格选用不同的花艺造型。

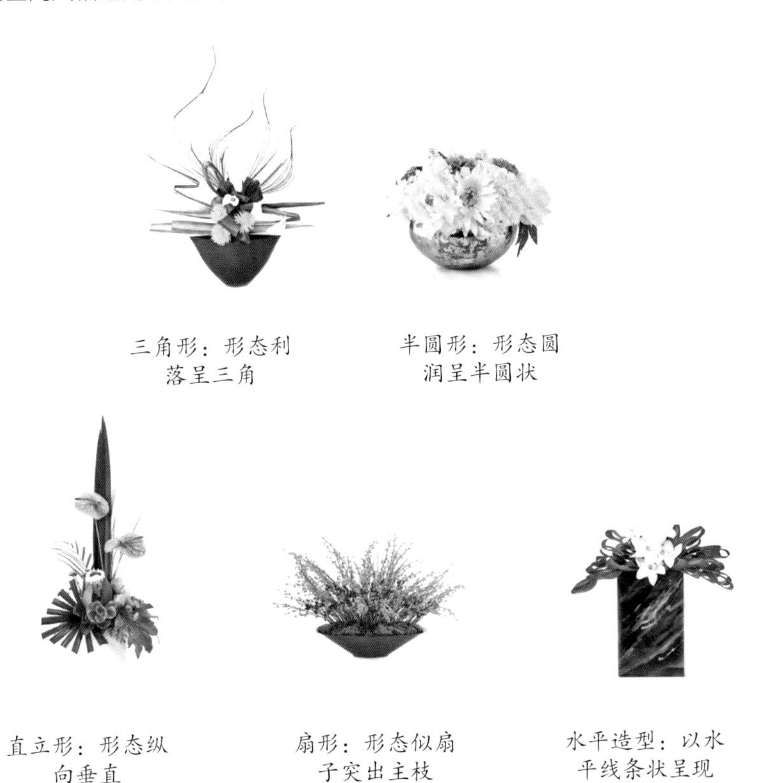

▲ 造型花艺注重花艺造型的立体感以及色彩搭配，强调强烈的视觉感

▲ 自然形态花艺注重植物生长的自然生命形态，注重器皿与花的关系，大多表现为随意、轻松、无规则感

③花艺类别

花艺根据形态及盛器的不同分为7类，即瓶花、盘花、钵花、篮花、壁挂式插花、敷花、大型手工花艺等。其中瓶花、盘花、钵花以花瓶、花盘、花盆、钵为花艺容器；篮花、壁挂式插花、敷花以花篮或悬挂式或铺在台面等做为花艺容器；而大型手工花艺多用在购物中心、餐厅等商业空间中，根据商业空间的类型及展示时长选用仿真花或鲜花，由花艺师现场实地手工制作而成；大型手工花艺的优点是能够较好地营造场景氛围，缺点是打理不便。

大型手工花艺

钵花

瓶花

盘花

篮花

壁挂式插花

敷花

④花器材质

不同材质的花器在空间中可以呈现出不同的风格气质，常见的花器材质包括陶瓷、编织、玻璃、金属、树脂和竹木等。

陶瓷花器

▲种类多样，色彩单一，适用于现代、简约风格；带有镀金、彩绘图案的花器适合欧式、田园风格

编织花器

▲质感朴实，与花材搭配具有纯天然气息，适合田园、乡村风格；悬挂类编织花器十分适合阳台

玻璃花器

▲透明玻璃花器干净、通透，北欧、田园风格常见；彩色玻璃花器鲜艳、时尚，现代风格常见

金属类花器

▲带有彩绘图案的铁皮花器适合乡村风格；反光的金属或黄铜花器适合现代、北欧轻奢风格

树脂花器

▲硬度较高，款式多样，色彩丰富；高档的树脂花瓶同时也可以作为工艺品使用

竹木花器

▲造型典雅、色彩沉着、质感细腻，具有很强的感染力和装饰性，受原料限制，款式变化较少

⑤花艺的风格

软装花艺在设计时需要考虑建筑、空间环境的风格以及文化、个人喜好的不同，花艺也有着不同的风格。当下审美花艺风格可分为五大类，即东方风格、西方风格、自然风格、现代风格、日式风格。

类目	特点	图示
东方风格	◎讲究意境及留白，在色彩的选择及搭配上以清新素雅为主 ◎花枝选材不求数目繁多，一枝或三两枝的点缀更能起到画龙点睛的作用 ◎造型上多以曼妙的线条造型为主，花枝延伸出不对称的构图，使得花艺在布局上更能做到主次分明、虚实相应 ◎东方花艺通过植物自身的优美姿态更能抒发恬淡闲适的人文情感，同时为空间营造深远、悠长的意境氛围	
西方风格	◎更倾向于丰富艳丽，着意渲染浓郁、热烈的气氛 ◎在花材的运用上以众多花枝的堆砌来渲染花木的繁盛之感 ◎整体构图偏向于对称均衡，以稳定规整的姿态来表达强烈的力量美，无过多内在的思想情感表达	
自然风格	◎由叶片、干枝等自然植物花材组成 ◎通过简单的设计及陈列，并配以朴实自然的器皿，突出木、石、竹、藤等自然材质的质感，以表现最真实的自然之美 ◎自然风格的花艺注重随意、形态自由，意在抒发自然、复古的情感表达	
现代风格	◎用色上多以单色或多单色组合形成整体效果 ◎通过建筑、图案、造型、艺术品、时尚等元素汲取灵感，其线性的风格加以适当的陈列组合，使之成为空间的视觉焦点 ◎注重器皿的选择，相得益彰的搭配，达到装点美化空间的目的	
日式风格	◎注重禅宗的审美理念，以花材用量少、选材简洁为主，既不追花材的名贵艳丽，也不注重器皿的名贵，突出花艺本身的纯洁和简朴 ◎以花的盛开、含苞、待放代表事物过去、现在、将来，追求宁静、致远的精神境界	

⑥花艺的陈列范围

软装花艺以不同的形状或利用盛器在空间中呈现，根据表现形态、尺寸大小及风格、所陈列的范围，可分为固定在吊顶或以悬挂方式呈现的花艺、固定或悬挂在墙面的花艺、摆放在台面上的花艺及直接落地摆放的花艺。

垂挂花艺

墙面花艺

台面花艺

落地花艺

2 定制花艺与厂家的沟通工作

软装定制花艺分为常规型定制和非常规型定制。常规型定制指常用的台面、落地花艺；非常规定制指非规格尺寸、非常规造型或对造型要求极高的花艺等，需要在现场制作完成。

①常规型定制花艺

第一阶段：方案清单

打印《软装产品下单清单 - 花艺》，填写好之后，将花艺清单发送给厂家报价。需标注清楚花艺款式图、尺寸、数量、花材的类型，以及花艺是含盆整套，还是仅仅为花材部分。同时还需要备注是鲜花，还是仿真花等。

物品编号	区域/位置	物品名称	款式图	材质工艺	尺寸规格（mm）	数量	备注
D-01	起居室	花艺摆件		金属+玻璃	200×110×340/250×140×430	1	含花
D-02		花艺摆件		陶瓷	130×200/170×300	1	含花

▲《花艺下单清单》填写模板

第二阶段：制作

厂家根据款式图及制定的预算，对花材、辅料用料进行计算，然后搭配相应的花器制作成型（需与花艺师沟通确认花艺的尺寸、材质）。

第三阶段：验收发货

对制作完成的花艺拍照或视频发送进行验收，需要对花艺的质感与色彩、造型协调性进行验收，确认无误后可用薄膜袋、泡沫盒、纸盒打包发货。

②非常规型定制花艺

首先将花艺方案发送给厂家，厂家根据尺寸核算大概的面积与花材用料后报价；然后花艺师对实地现场进行勘察及复尺，打样花材寄送给设计师予以确认；接着花艺施工团队现场制作及施工；最后进行现场或拍照验收。

花艺常见问题解答

仿真花应该怎样打理灰尘呢？

根据体积来进行打理：小型、台面、落地、悬挂花艺可用鸡毛掸子掸掉灰尘，大型绿植墙、花艺灰尘堆积厚的需要用气压机气棒吹。

第六章

软装摆场、陈列与调场

软装摆场、陈列与调场是将软装设计方案落地执行到项目现场的过程。其中，软装摆场也称为基础摆场，需要软装设计师对软装产品进行合理的布置摆设，是基础陈列、现场环境及视觉美学相融合的过程。软装摆场的概念进一步延伸为“陈列摆场”，以产品营销为主，是空间美学、视觉营销、产品表现的过程。本章将讲解软装摆场前的各种注意事项、摆场流程，以及软装摆场、陈列的原则与技巧等知识，直至调场完毕、验收拍照，帮助软装设计师把好最后一关完成整个项目。

一、软装摆场前的准备事项

在软装产品入场之前，软装设计师需要对现场情况进行进一步了解、勘测，并确认相关的产品信息、现况，以及做好物流、安装的调配工作，确保软装摆场的顺利进行。

1 了解现场基本情况

了解项目场所的硬装进展情况：与甲方项目负责人确认现场硬装的进展情况，了解硬装是否完工。应确保现场无大型施工机具，确保软装产品进场时有合适的存放场地。

了解现场地面的保护与清洁情况：针对地面没有做保护处理的项目，需穿着干净的拖鞋进入，以免对木地板造成损伤，同时了解是否已安排软装进场前的现场保洁。

了解现场施工配件的安排情况：确认挑高层现场有无脚手架、A 字梯等施工工具，如没有则需要在软装产品到达现场之前配置齐全。

了解项目场所的货梯工作时间：针对在写字楼中的项目，需提前向物业告知软装进场的时间，并确认清楚货梯的工作时间。

2 确定产品出货信息与方式

在摆场前 3 ~ 5 天，需要针对制作完成的产品，跟厂家一一确认。同时，将家具、灯具、窗帘、地毯按户型或空间打包，并在外包装贴上产品彩图、编号、摆放空间区域的说明，及产品件数等相关信息，明确产品出货时间，并制作《项目进场前跟踪表》。

备注：制作《项目进场前跟踪表》的好处是可以实时把控每类产品的到货时间，避免因家具、灯具、饰品等出货时间出现问题，而发生不停跑现场调配收货、卸货的情况。另外，制作《项目进场前跟踪表》也便于调配搬运及安装的时间。

软装产品的出货根据项目进度要求的不同有两种方式，有各自的特点和优缺点，可以结合实际情况进行选择。

	特点	优点	缺点
方式一	灯具、地毯、装饰画、饰品、花艺一起运送至公司仓库，由仓库统一发货；窗帘从当地出货	统一出货、接货，对接方便，可以及时验货、调货	运费增加，来回装卸货、验货，增加人工及物流成本

	特点	优点	缺点
方式二	家具、灯具、地毯、装饰画、饰品、花艺由厂家各自发货到项目地；窗帘从当地出货	节约运费成本	因产品到达时间不一致，需安排专人收货。另外，如果是网购饰品，需要花时间一一核对，容易造成遗漏丢失

扫二维码

获取《项目进场前跟踪表》模板

3 与厂家确定物流安排

需要与厂家确认清楚产品是由哪家物流发出，并索要物流订单号。如果是大件产品由厂家直发，需要问清楚安排的货车尺寸，记录货车司机电话，随时保持沟通。对于大型货车，每个城市有限制进城的时间要求，要事先了解清楚，避免货物到达当地物流点，但无法到达项目地的情况发生。同时，应了解施工现场的周边路况，确保货车到达现场后，能以最快的速度在最近的地点卸货，保证卸货时间，节省时间和人力成本。

4 调配好搬运、安装的时间

根据产品到达现场的时间及数量，合理安排卸货、搬运、拆装、安装等相关工作，例如，将产品搬运到指定空间位置时，多楼层由高层向低层搬运摆放，平层空间由内向外搬运摆放。另外，搬运时要格外小心，不要磕碰、破坏硬装墙面、地面、门及门框等。最后，还要将所有产品搬运至指定的空间后再进行拆包，同时协调人员将拆包垃圾集中归放到一起，统一安排人员进行清理。

5 准备摆场时所需的工具、安装的时间

在摆场时，所涉及到的相关安装人员基本都配有安装工具，但是当现场摆场人手不足时，就需要软装设计师带上一套工具，用以配合拆包、安装等工作。

常备工具	
工作工具	热熔胶棒＋胶枪、螺丝刀、剪刀／美工刀、记号笔、家具修复笔、挂画钩、手电钻、卷尺、抹布等
防护工具	手电筒、围裙、口罩、手套、拖鞋、鞋套等

二、软装摆场、陈设的流程

在软装摆场、陈设的过程中应按照一定的流程进行，这样才能高效率、高质量地完成整个项目。软装摆场的大致步骤如下：窗帘安装→灯具安装、家具摆放→挂画安装→地毯铺设→床品铺设→饰品摆放。

窗帘安装	◎窗帘安装作为流程的第一步，目的在于防止在安装窗帘轨道时，灰尘落在家具上 ◎窗帘安装之后，可以吸引一部分注意力，能够有效避开对家具小瑕疵的关注 ◎窗帘安装时需要查看窗帘的高度是否合适，并确保其能够完全拉合 ◎若安装的是电动窗帘，还需要调试开合状态及遥控操控
灯具安装、家具摆放	◎灯具安装和家具摆放最好能同步进行，便于统一调整灯具的高度和家具的位置 ◎安装灯具需要使用电钻在吊顶打孔，灯具安装好后方便家具定位 ◎灯具安装需考虑高度问题，一般情况下灯具灯底离地高度应超过 2250~2400mm 以上，若低于 2250mm 会有撞头的安全隐患 ◎需要调试灯光有无电路问题，以及确认光源是否合适一致 ◎对于带有布艺的家具，若摆场前没有做好保洁工作，最好不要撕开家具的保护膜，防止弄脏，不易清洗 ◎家具摆放完成后，需进行成品保护，即用塑料薄膜将家具保护起来

装饰画安装

◎装饰画多出现在家具上方，因此应在家具摆放之后进行
◎装饰画安装前，软装设计师需要为施工人员确定装饰画的高度与位置
◎画幅与画幅之间的距离以不超过 200mm 为宜
◎成组装饰画需根据家具形态及墙面大小来确定高度及组合形态

地毯铺设

◎地毯铺设虽是简单工程，但同样需要确定位置，一般铺设在家具下方或设计指定位置即可
◎需做好地毯成品保护工作，可在地毯上铺一层水晶垫作为保护，防止弄脏

床品铺设

◎床单或床笠需要拉直压好，四角的褶皱应自然顺服
◎样板间的被芯、枕芯填充要求饱满立体，标签和拉链口以及影响美观的区域应藏在内侧
◎住宅空间的床单、被芯应注意根据季节来挑选

装饰品摆放

◎所有大型物件到位之后，对装饰品进行摆设时，需要遵循一定的美学原则
◎摆件及饰品需要进行不断调试、变换，找到最佳位置及视角，也可通过尝试不同空间的饰品对调、变换找到最终合适的摆放位置

三、软装摆场、陈列的原则与技巧

软装摆场是根据软装设计方案延伸而来，因此在空间中放置的每一件物品都与空间、主题、色彩息息相关；陈列则是将物品按照一定的摆设标准，在空间中呈现，并使之具有故事性、情景化、逻辑性以及审美性。

1 软装摆场、陈列的原则

比例原则：摆场需遵循空间与产品一定的比例。若空间较大，摆设就不能过于稀疏。通常可以从两个方面来避免这个问题：一是可以把地毯的尺寸加大，让整个空间尽可能看起来饱满；二是可以在主要视觉点摆放一些大型落地饰品来丰富空间层次。如若是小空间摆场，则要注意摆设不能太多太挤，同时保证功能性与美观性兼具。

▲ 层高较高、空间较大的客厅可以选择满铺地毯，避免产生空旷感

▲ 大型落地花艺与小型工艺品错落摆放，丰富了楼梯角落的观赏性

关系原则：饰品的摆放讲求物品与空间之间、物品与物品之间的关系。物体的形体应有高低、大小、长短、方圆的区别。因为，相似的形体陈列组合容易造成单调感，悬殊过大的组合比例则会产生不协调感。饰品的材质也需要协调、对比，例如：玻璃、金属与大理石的亮面材质组合可以带来现代轻奢气质；而原木、干花与玻璃和皮质的组合可以带来复古感。另外，还要保证装饰品与大环境的关系美观、融洽。

▲ 饰品之间大小、高低的不同，可以带来视觉上的变化

▲ 玻璃花瓶、大理石家具等材质的运用，可以体现出现代感

整零整原则：即先将产品根据方案清单摆放到合适的位置，整体对照是不是已经协调，再对局部的装饰品、花艺等小件物品进行细微调整，最后保证整体搭配的完美。

▲ 装饰品较多，但美观、搭配合理

2 软装产品的摆场、陈列的技巧

层次感：由面到点对产品高低、大小、形态、色彩进行层次变化，使空间整体和谐。

▲ 挂画、落地灯、休闲沙发高低错落形成空间一角的层次

▲ 在一组矮的摆件中放入一件高的单品（装饰画），形成装饰柜陈列区域的大小层次

▲ 同一系列的摆件与黄色浆果花艺形成的陈列色彩层次

节奏感：通过色彩、元素、图案、材质等无规律重复的出现、呼应，为空间带来视觉节奏和统一。

▲ 金色摆件、橙色搭毯与橙色懒人豆袋沙发，形成了空间的色彩节奏

▲ 黑白窗帘、抱枕、地毯、装饰画在空间中形成元素的连续感

▲ 装饰画的实景图案与手绘几何图案形成虚实结合的视觉感受

均衡感：以左右、上下、三角形、轻重、大小、中心等对称或不对称构图，为空间带来稳定感和均衡感。

▲ 左右对称摆设的吊灯和休闲沙发，使空间一角的画面整体稳定、协调

▲ 装饰柜悬挂的单头圆球吊灯均衡了装饰画与摆件带来的失重感，使陈列区域变得协调

▲ 三角构图使陈列区域变的沉稳、平衡

对比感：色彩、形态、动静、虚实的生动对比陈列技巧，在打破空间的同时，可以增加空间的趣味以及联想性。

▲ 以色彩对比形成视觉冲突亮点，使观者对空间产生深刻的印象

▲ 通过山水背景的静态，对比人物行走的动态，为空间增加特别的意境联想

▲ 实物的红枫，呼应装饰画的竹叶，形成虚实对比，带来交相辉映的平静趣味

3 软装产品的陈列构图

软装陈列构图规律运用的是均衡与对称的摄影构图技巧，使每个空间、摆件饰品陈列的画面具有稳定性，并带来视觉美感。

空间摆场陈列构图：为保持大空间的稳定感，软装陈列多以等腰三角形、三等分法、平行构图、水平构图等方式呈现。

等腰三角形构图

三等分法构图

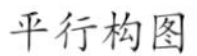

平行构图

水平构图

桌几类陈列构图：根据桌几的比例尺寸，装饰品常见的有阵列、直角三角形、几何形组合等陈列构图方式。

阵列构图

直角三角形构图

几何形组合构图

柜类陈列构图：柜类的饰品摆件常以直角三角形、等腰三角形、对称、大小对比的陈列构图呈现。

直角三角形构图

对称构图

大小对比构图

柜体层架陈列构图：柜体层架的摆件饰品根据使用功能以及层架结构不同，构图手法也不一样，通常会通过工艺摆件的色彩、形体、材质之间的重复、统一、变化带来有节奏性、连续感的产品陈列。另外，柜体层架的陈列方式根据商业空间和住宅空间的不同也略有区别。

商业空间：陈列应注意饰品摆件的选择不能太零碎或过于单薄；另外，高层架中要避免选择过重、易碎的产品，若一定要选，则应在高层架产品的底部打固定胶。

住宅空间：陈列以业主的爱好为主，摆件饰品只做象征性的填充、点缀即可。

▲ 样板间书柜陈列（商业空间）：选择统一的黑白色彩，运用在饰品和仿真书中，形成连续陈列的构图

▲ 住宅空间书柜陈列：根据业主的喜好选择工艺品，并以色彩的连续带来陈列的节奏感

▲ 样板间更衣柜陈列（商业空间）：连续陈列的储物盒以及行李箱，色彩以橙色为主，黑白色为辅助色；材质以皮艺、棉、草编为主；图案以素色和格纹为主；加上有意识的构图凸显更衣柜主人的生活方式

抱枕、靠枕陈列构图：抱枕和靠枕的陈列多以单数摆设居多，常用的陈列构图方式是用对称和跳色营造节奏美感，通常一组抱枕的色彩和图案最多不要超过 3 种。材质则根据空间的整体风格、调性来选择。比如，北欧风格适合选择亚麻、编织、棉等材质，轻奢风格则可以选择亮面的混纺、绸缎等材质。

▲ 抱枕左右两侧摆放相同一组抱枕，中间以橙色腰枕点缀对称区分，调和整体感

▲ 地面和墙面的色彩及图案相呼应，抱枕呈色彩跳跃性的摆放，营造美感

▲ 水墨纹抱枕的间隔呼应使整个画面和谐统一

景观雕塑的陈列构图：景观雕塑自身具有特别的艺术美感，通过多样的构图形式，使其更具有人文意蕴，常见的方式有等腰三角构图、垂直静态类构图、主景上升构图等。

▲ 等腰三角构图

▲ 垂直静态类构图

▲ 主景上升构图

四、软装产品的摆场、陈设方式

软装产品的摆场及陈列方式不管如何变化，终归是依照人的生活习惯以及空间现有条件进行的。软装产品需要通过适当的方法进行配置，才能使功能空间合理化应用。同时，还要通过总结丰富的行业摆场经验，以及提升专业化的审美水平，才能将产品与空间有机结合，最终营造一个美观、舒适的场所。

1 家具的摆场、陈列方式

家具作为软装产品中的主导部分，在选择与摆设时，既要符合功能区的功能要求，又要体现空间场所的定位与主张，并通过家具的布置和选择达成期望。在室内空间中，可通过家具的不同组合陈列形式来组织划分空间，可使空间使用更合理、利用率更高，还能同时满足不同的功能需求。

扩展知识

商业空间的家具选择：商业空间与住宅空间相比较，更注重空间的使用目的。比如餐厅注重的是用餐翻台率，那么在座椅的选择上尽量不要选择太舒服的款式，并且能够轻巧挪动，提高翻台率。而在售楼部的洽谈区，期望客户能够感觉舒适，以达到坐下来长谈的目的，在座椅上就应尽量选择宽大的款式，看起来舒适又高档，座椅深度上也应加深，避免客户因过于舒适仰躺在沙发上。

①客厅家具组合方式（20 ～ $45m^2$）

以会客 / 家居为核心

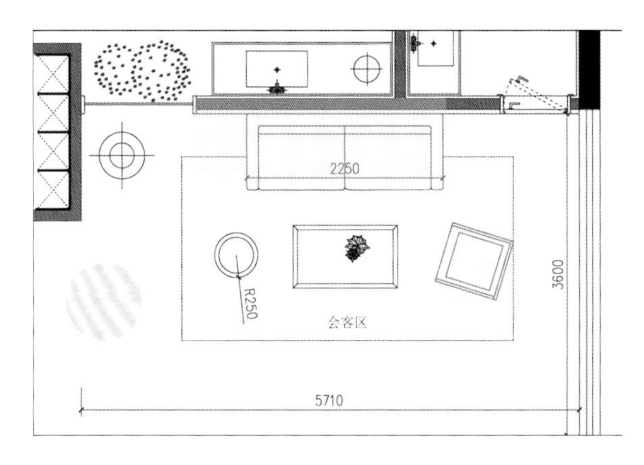

以背景墙为基点，将沙发两边的角几去掉，沙发靠墙居中，以 3+1 的组合形式，可同时满足 4~5 人使用。为了使空间饱满，可以加上圆墩组合陈列，这样的家具组合陈列活泼，且有设计感。

注意：为了动线流畅，不宜将单人沙发放在客厅入口处。

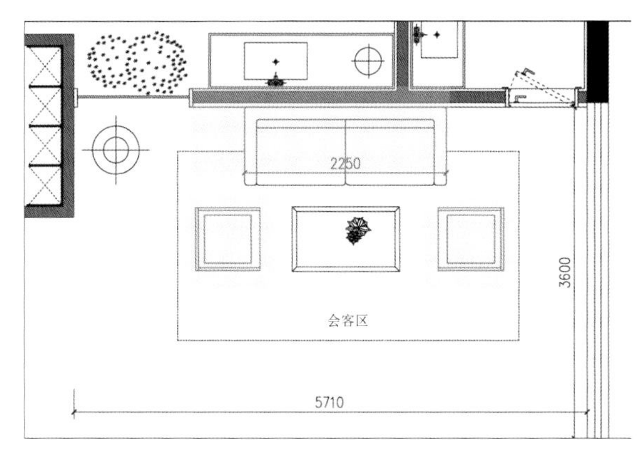

沙发靠墙居中，以 3+1+1 的组合形式，可同时满足 5~6 人使用。这样的家具组合陈列稳定、和谐。

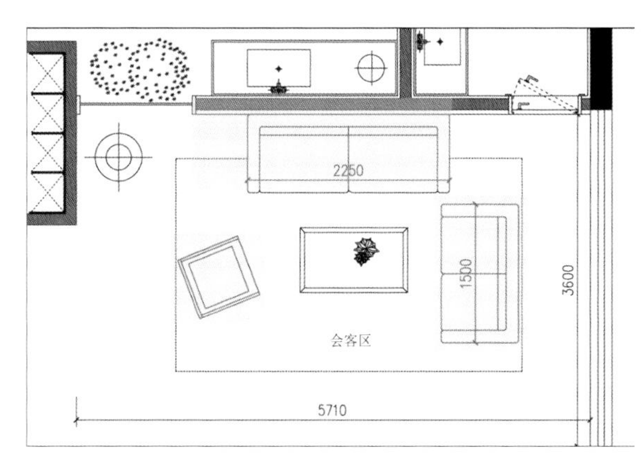

沙发靠墙居中，以 3+2+1 的组合形式，可同时满足 6~7 人使用。这样的家具组合陈列经典、大方，有设计感。

注意：为了动线流畅，不宜将单人沙发放在客厅入口处。

以会谈为核心

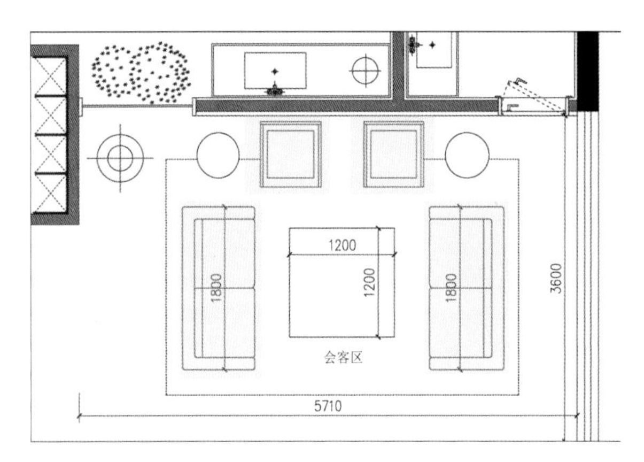

沙发的陈列组合需要有仪式感，茶几选用方形较为适宜。家具以U型组合摆放，通常为2+2+1+1的组合形式，可同时满足6~8人使用。这样的家具组合对称、大方。

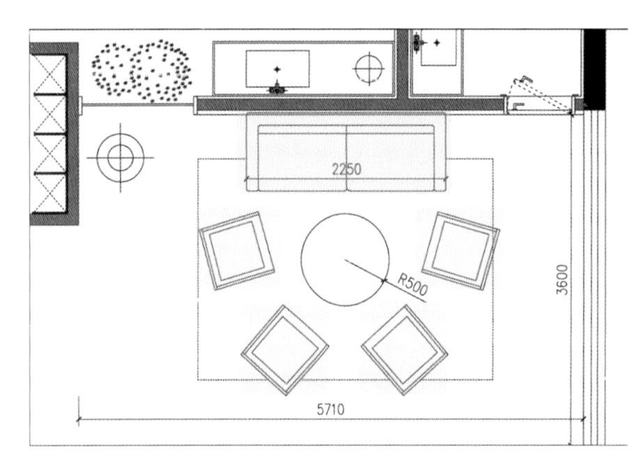

以三人沙发为主焦点，将单椅围绕茶几组成一个围合陈列的形式，3+1+1+1+1的组合形式可同时满足7~8人使用。这样的家具组合轻松、私密，适合办公场所。

以孩子为核心

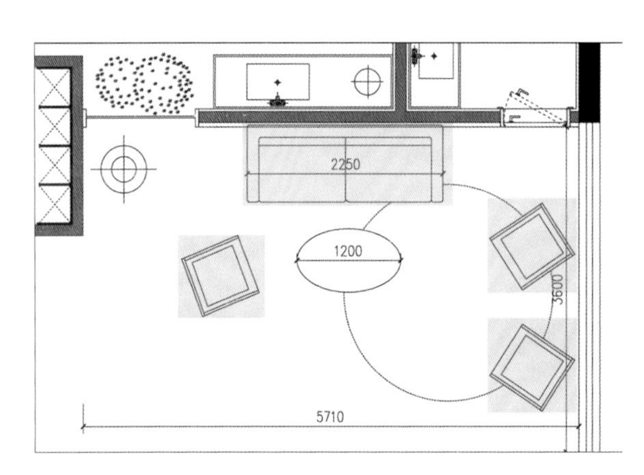

以三人沙发为焦点，单人沙发摆放在一侧，形成3+1的组合形式，可供大人休息;再单独辟出一个区域，以1+1的休闲单椅作为孩子娱乐的区域，让孩子的玩乐不远离大人视线，同时可以利用圆形地毯作为两个区域的衔接。这样的家具组合摆放以功能需求为主。

②餐厅家具组合方式（15 ～ 25m²）

长方形餐桌

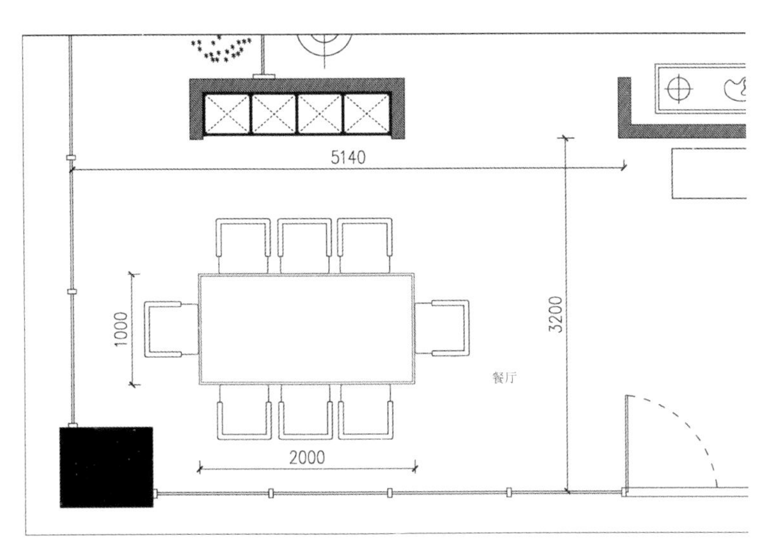

餐桌的陈列方式通常根据餐厅区域的形状以及定位的风格来组合。长方形的餐桌陈列形式自由现代，根据空间大小及使用需求可摆成 6 人位、7 人位以及 8 人位。这种布置十分适合现代风格。

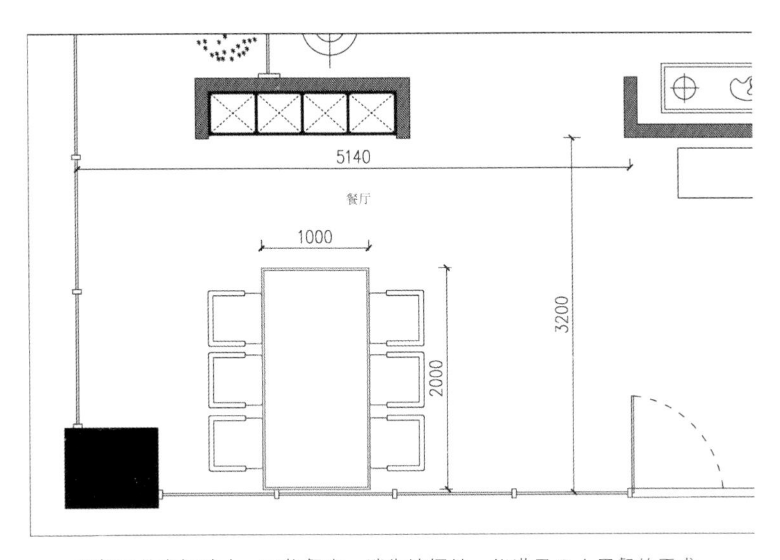

若餐厅的空间略小，可将餐桌一端靠墙摆放，能满足 6 人用餐的需求。

方形餐桌

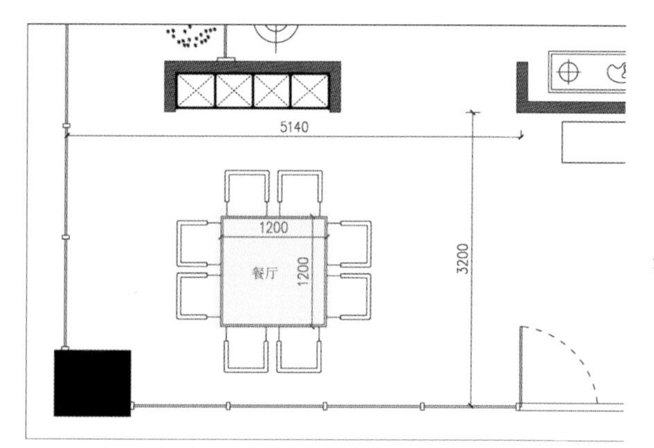

方形餐桌的使用需要比较开阔、规整的空间，可满足 8~10 人的用餐需求。这种布置形式比较适合古朴的中式风格。

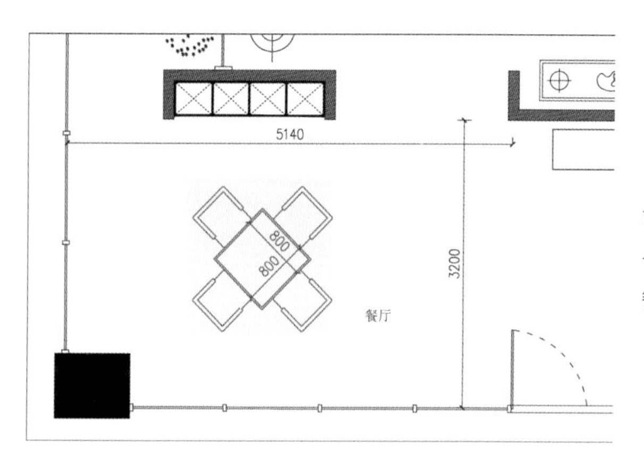

如果餐厅的空间较小，在使用方桌时可对角摆放，形式自由、活泼，又不乏统一感。这种组合方式比较适合商业空间的餐厅布置，住宅空间中很少采用。

圆形餐桌

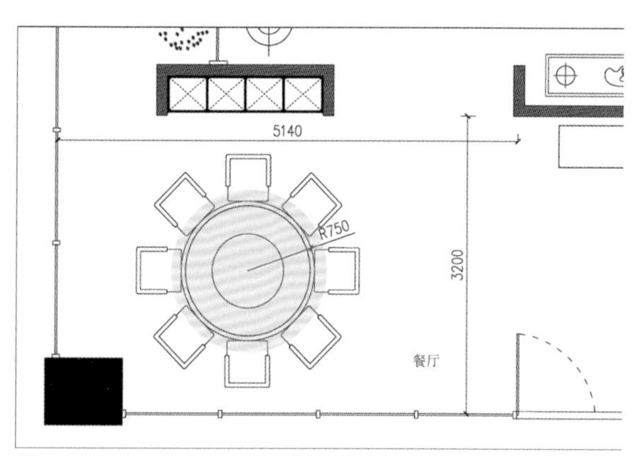

圆形的组合方式适用范围较广，可用于方形或圆形餐厅。圆形餐桌的形态大气，可根据尺寸同时满足多人用餐需求。家装及工装的餐厅空间均十分适用。

③卧室家具组合方式（15～20m²）

横向方形卧室

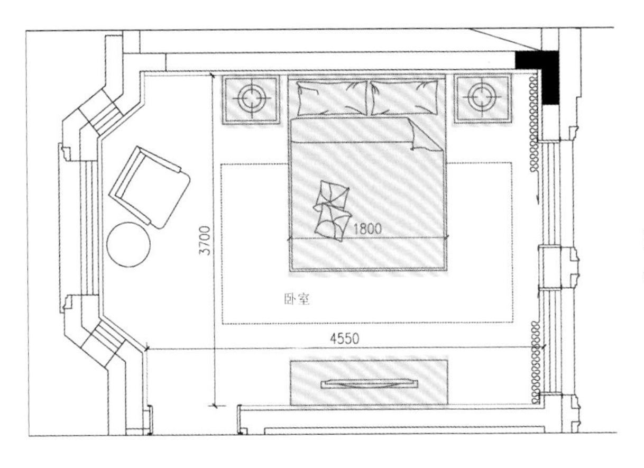

横向方形卧室且区域面积大（有独立更衣间），可将床常规摆放，这样的陈列布置经典舒适，动线较为流畅。

竖向方形卧室

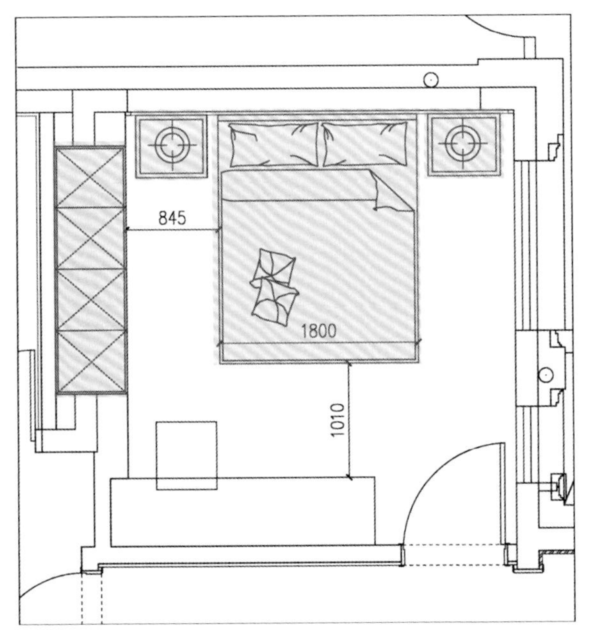

区域面积较小，需注意家具的常规尺寸，以及家具间的流线距离。先应以解决功能性需求为主，再逐步规划卧室的必需品，如床→床头柜→衣柜→书桌→梳妆台等。

2 灯具的摆场、陈列方式

每一个空间需根据不同的需求调配主光源、辅助光以及氛围光，单一的灯光光源会使整体空间看起来单调。在进行灯具的摆场陈列时，需根据空间进行灯具的光源调配，并关注灯具的直径，以及离地高度等问题。在具体布置时，应根据硬装的插座及线路布置设计，根据现场施工进展可改动情况来陈列布置。比如：若硬装的木工还在进行中，灯线还可以进行增减、改动；若硬装已经全部完成，尽量不改动或少改动。

灯具摆场时需注意的问题：

首先，需要考虑空间的光源照度，光照（自然采光）及数量是否满足现有空间。

其次，应考虑光照的方向和主要照明用途，是阅读灯、夜行灯还是用餐灯等。

最后，应考虑光源色温，不同的色温会给人不同的心理感受。

备注：除吊灯外，其他视觉范围区域的灯具均需考虑表面材质是否会造成眩光，并要避免这种情况的出现。

①客厅灯具陈列方式

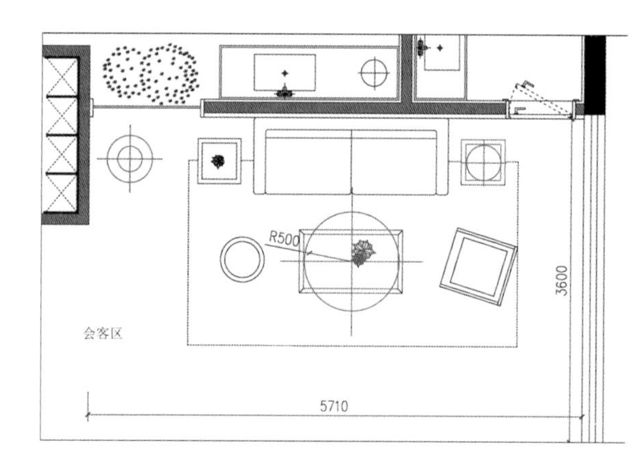

比较常规的组合形式为 1 盏吊灯 +1 盏台灯 +1 盏落地灯。台灯和落地灯交叉陈列摆放，通过光源层次使空间显得饱满。

注意：当客厅面积在 20~45m^2 之间，可用直径 800~1100mm 的主吊灯，高度根据层高离地距离应在 2300~2500mm。

②餐厅灯具陈列方式

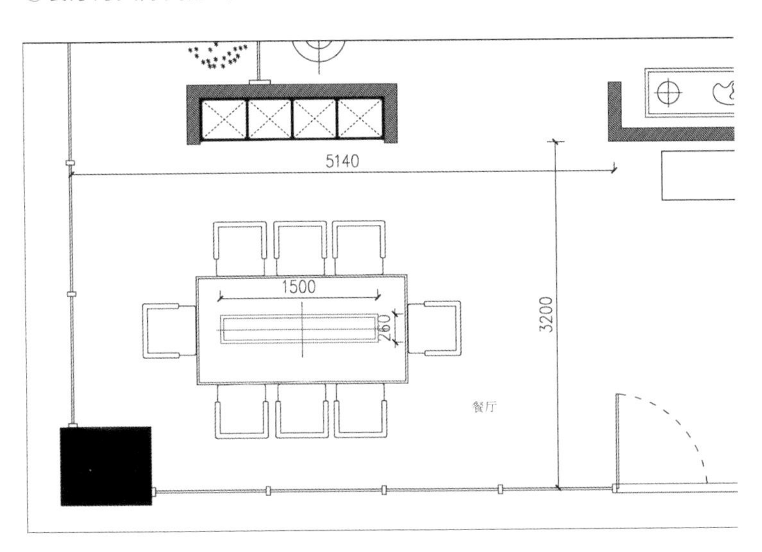

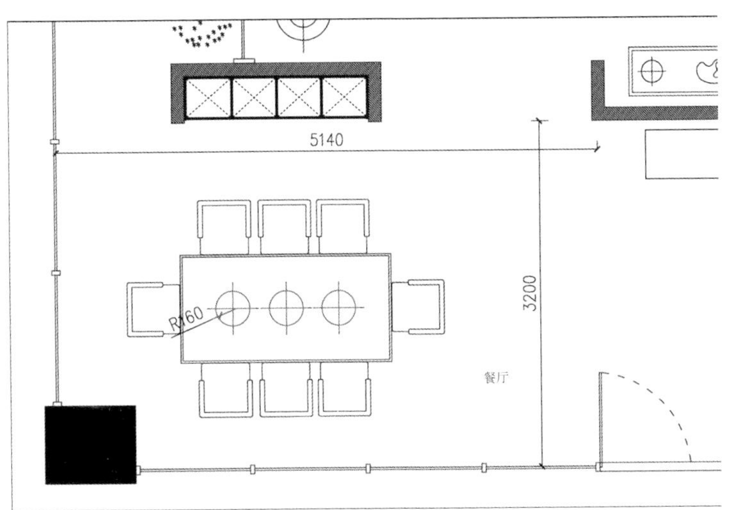

餐厅灯具的选择，除了需要考虑空间形状，还要参照餐桌形状来搭配，具体尺寸需根据餐桌来定。如长方形餐桌可选择长形灯具，或三盏圆形灯具并列的形式。另外，餐厅灯具可根据就餐需求稍微挂低些，离地高度可在 2150~2500mm。

③卧室灯具陈列方式

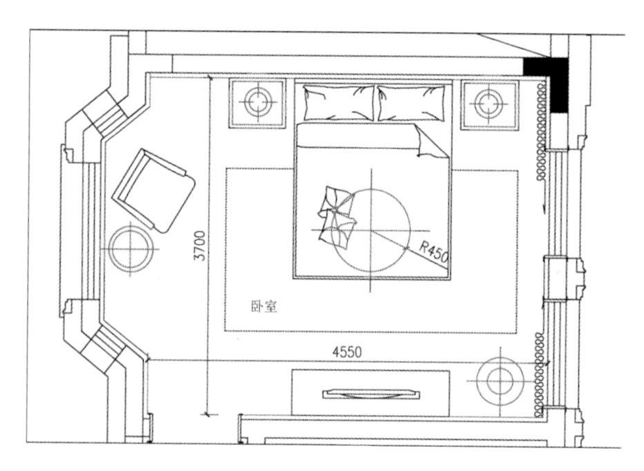

通常情况下，一个 15~20m² 的卧室，主吊灯常规直径应在 750~1050mm；高度根据层高及床高一般离地 2300~2500mm。另外，卧室的灯具布置需要结合设计手法，以及需要营造的氛围来调配，如图例中的灯光布置可采用三种设计方式呈现：

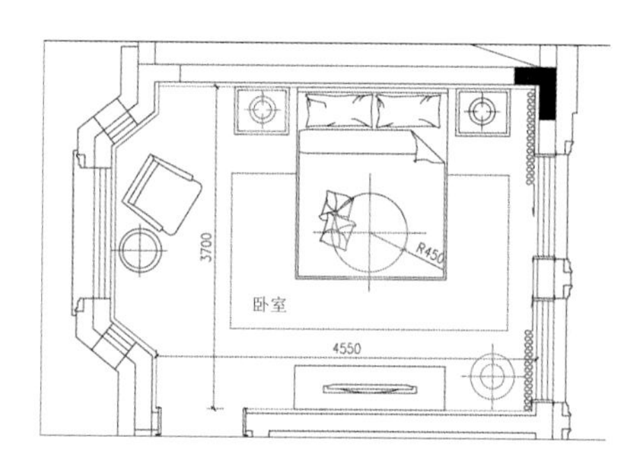

方式一：1 盏主吊灯 +1 盏床头台灯 +1 盏落地灯。主要光照以主吊灯为主；阅读可用床头台灯；氛围营造则用落地灯。不同的光源分布既能满足空间的光源层次，也可满足人们不同的生活方式需求。

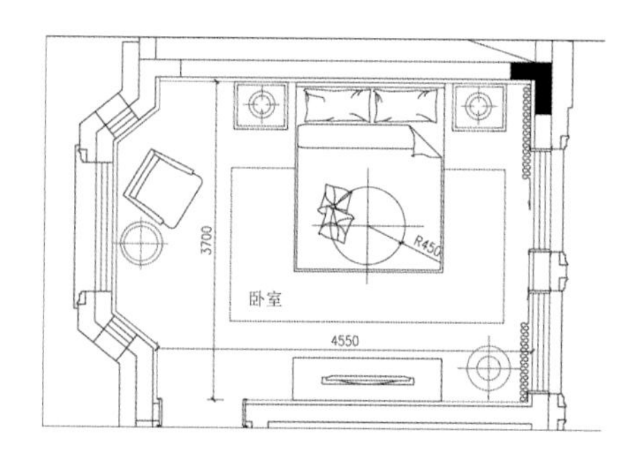

方式二：无主灯 + 两盏床头单头吊灯 +1 盏休闲台灯 +1 盏落地灯。床头单头吊灯和台灯可同时满足两人的使用，且保证互不干扰；氛围营造则用落地灯。

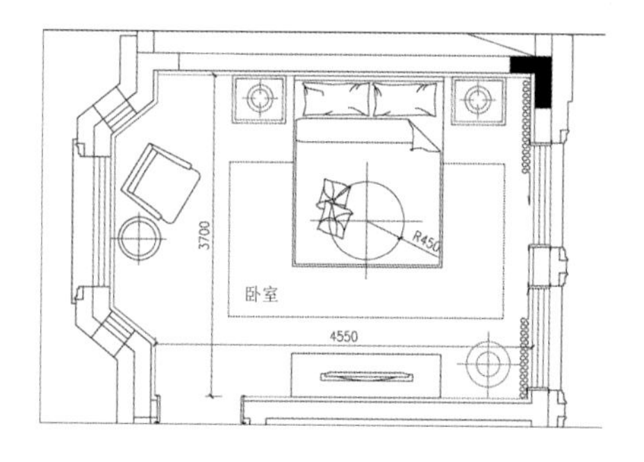

方式三：无主灯 +1 盏床头单头吊灯 +1 盏床头台灯 +1 盏落地灯。在床头加上单头吊灯和台灯，可同时满足两人的使用，且保证互不干扰；床头灯一高一低为床头背景带来视觉感；氛围营造则用落地灯。

3 窗帘的摆场、陈列方式

窗帘布置根据不同的空间区域需求，其选择也大有不同，窗帘花色、纹样的形态对空间可以产生不同的氛围影响。在具体选择时，家居空间更注重风格匹配、居住者的喜好等需求，商业空间则依照整体风格定位及调性来选择不同的窗帘。

①窗帘的选择方式

根据空间风格和大小选择：例如，简约型的小空间宜选用简洁、大气的款式，较小的花型，体现温馨、恬静，且使空间有放大感，最保险的方式为选择纯色窗帘。法式等大空间则可以采用精致、气派或具有华丽感的样式，较大的花型，给人强烈的视觉冲击力。

根据空间色调和光线选择：如果室内色调柔和，为了使窗帘更具装饰性，可采用强烈对比的手法。例如可以在色调同一饱和度内使用撞色，改变空间的视觉效果。如果空间内已有色彩鲜艳的装饰画，或其他色彩靓丽的家具、装饰品等，窗帘的色彩则最好素雅一些。另外，如果位于低楼层，且采光较差的居室，应尽量选用明亮的纯色窗帘。

窗帘纹样与其他软装的搭配形式：窗帘纹样与空间中其他软装个体，如墙纸、床品、家具面料等的纹样相同或相近，能使窗帘更好地融入整体环境中，营造出和谐一体的同化感。若窗帘与其他软装个体的色彩相同或相近，但纹样存在差异化，则既能突出空间的层次感，又能互相呼应。

▲ 窗帘和坐墩的图案相同，形成空间的视觉焦点，且具有平衡感

▲ 窗帘与单人沙发、抱枕等软装的色相相近，但图案存在差异化，呼应的同时又有变化

②不同空间的窗帘应用

客厅	◎与整体房间、家具、地板颜色保持和谐，一般窗帘色彩要深于墙面 ◎质地上适宜薄型织物，如薄棉布、尼龙绸、薄罗纱、网眼布等，能透过一定程度的自然光线，也可以令白天的室内有隐秘感和安全感
餐厅	◎小餐厅窗帘宜简洁，避免使空间因为窗帘的繁杂而显得更为窄小 ◎大餐厅则宜采用大方、气派、精致的样式
卧室	◎以窗纱配布帘的双层面料组合为多，一来隔音，二来遮光效果好 ◎也可以选择遮光布，良好的遮光效果可以营造舒适的睡眠环境
书房	◎颜色上避免花哨，以防降低工作、学习效率 ◎适宜木质百叶帘、素色纱帘或隔声帘
厨房	◎可选择易擦洗的百叶帘，或收放自如的卷帘 ◎也可以选择装饰半帘，起到美化作用，体量小，方便清洗
卫浴	◎窗帘款式应以简洁为主，好清理也要好拆卸 ◎尽量选择防水、透光不透明的柔纱帘

◀ 家居主空间的窗帘一般比较注重美观性和私密性，如客厅、卧室等；而像厨房、卫浴等功能性更强的空间，窗帘选择往往更注重实用性，如防潮、易清洗等

③窗帘的量尺

窗帘量尺的步骤：软装设计师量尺（窗宽 × 窗高）→窗帘厂家复尺（下裁宽 × 下裁高）

窗帘量尺的简单测量法：观察窗型，窗型大致可归纳为三种——平窗、落地窗和飘窗；观察有无窗帘盒，然后再进行测量。

有窗帘盒	◎宽由窗帘盒从左至右测量，高由窗帘盒的顶部量到地面，再减少 25mm
无窗帘盒	◎意味着要用罗马杆或加装假窗帘盒来实现窗帘的侧装，测量方式有遮窗和满墙两种 ◎遮窗测量为窗帘仅遮住窗户，窗帘尺寸为窗宽左右各增加 200 ~ 300mm；窗高上部离吊顶距离 200mm 左右起，量到地面减少 25mm ◎满墙测量为窗帘做一整面墙，窗帘的宽由墙从左至右测量，高由顶量到地面，再减少 25mm

备注：以上方法为常规窗帘的尺寸测量，具体视项目现场而定，要注意梁、柜体、空调、石膏线等障碍物。另外，需考虑窗帘拉合时的漏光问题，可在拉合处各增加 100 ~ 200mm 导轨或做罗马杆交叉重合设计处理。

安装方式：包括顶装、内装和侧装三种方式。顶装是根据整面墙的结构安装在窗帘盒顶面的轨道上，这通常是布帘与纱帘的安装方式；内装是根据窗户结构，安装在窗户的内侧，需考虑窗户内侧至少有 70mm 的空间用来安装帘轨，内装通常是百叶帘、卷帘、罗马帘的安装方式；侧装是直接以罗马杆安装在墙面的一侧。

▲ 加帘盒、顶装、遮窗效果

▲ 有帘盒、顶装、满墙效果

▲ 加帘盒、罗马帘顶装、遮窗效果

▲ 罗马杆侧装、遮窗效果

▲ 罗马杆侧装、满墙效果

▲ 卷帘、内装、遮窗效果

4 地毯的摆场、陈列形式

小空间可以选用半铺法，即将地毯的一半或2/3压在家具下，根据空间比例左右两边预留200~400mm。

地毯常见的铺设方式有两种，一种为“满铺”，即整个空间铺满块毯，这种铺设方式比较适合商业空间中的办公室，有消音、降噪的功能，一些比较大的家居空间也会采用这种铺设方法；一种为根据家具铺设，如果空间允许，地毯应尽量将家具包裹起来，可有效减少大空间带来的空旷感。

①地毯的选择方式

根据居室色彩选择：如果家居空间以白色为主，地毯的颜色可以丰富一些，使空间中的其他家居品成为映衬地毯艳丽图案的背景色。当然，如果业主喜欢素雅的空间环境，灰色或米色的纯色地毯同样适用。若家居色彩丰富，最好选用能呼应空间色彩的纯色地毯，这样才不显得凌乱。

▲ 虽然地毯的颜色比较抢眼，但取色于空间中的其他软装，因此不显突兀

根据家居空间选择：开放式空间可挑选一块大地毯铺在会客区，空间布局即可一目了然。面积较大的房间可将两块或多块地毯叠层铺设，会为空间带来更多变化。面积较小的空间可用地毯将家具圈起来，形成围合状，可有效使空间产生扩张感。

▲ 开放式空间

▲ 面积较大的房间

▲ 面积较小的空间

②不同空间的地毯应用

玄关	◎适合容易清洗、打理且抗污性能高的化纤地毯或麻地毯 ◎玄关通常比较小，适合选择尺寸略小、厚度薄，具有防滑性能的款式 ◎如果地毯不防滑，建议加垫一块防滑垫
客厅	◎客厅走动频繁，优先考虑地毯的耐磨、耐脏性能 ◎地毯图案根据风格来选择
卧室	◎地毯一般放在门口或者睡床一侧，大小以 1.8m × 1.2m 的地毯或是脚垫为宜 ◎色彩上，可将卧室中几种主要色调作为地毯颜色的构成要素 ◎卧室地毯不太注重耐磨性，最好选择天然材质的地毯，脚感舒适，不易起静电
书房	◎地毯图案应相对简单 ◎色彩上选择低饱和度的色彩，营造适宜学习和工作的空间氛围
过道	◎适宜铺长地毯，能起到收缩面积，有效减少过道狭长的观感

◀ 家居主空间的地毯在色彩和图案上均强调整体空间的协调性；而像玄关、过道等小空间，则更注重其尺寸大小与空间的和谐感

5 床品的摆场、陈列形式

酒店等商业空间的床品选择主要根据空间风格主题及色彩进行选择，而住宅空间中的床品则相对可偏向个人喜好。同时，现代睡床的床头造型丰富，在选择床品时，最好关注一下床头。另外，选择时不要忘记审看床品配件，如靠枕等造型是否与床头造型相协调。

①床品的选择方式

床品可与窗帘等软装饰同款：选择与窗帘、沙发罩或沙发靠包等软装饰相一致的面料作床品，形成“我中有你”“你中有我”的空间氛围。需要注意的是，此种搭配更适用于墙壁、家具为纯色的卧室，否则会形成凌乱的视觉观感。

床品色彩可来源于整体空间：如果卧室的环境色为浅色，床品不妨选择深色或撞色，使整个空间富有生机。另外，床品色彩也可以选择与墙面或家具相同或相近的色调，令睡眠氛围更柔和。为了避免整体空间苍白、平淡，没有色彩感，改善的方法为使用一些带有色彩感和图案的靠枕、搭毯进行调剂，也可选择带有轻浅图案的床品，打破色调单一的沉闷感。

▲ 床品和抱枕的色彩与墙面、家具、窗帘等室内设计均有呼应，整体观感平顺、有序

▲ 蓝色花纹床品与墙面背景色属同一色系，和谐中不乏变化的美感

▲ 卧室背景墙的花色丰富，具有吸睛效果，因此床品采用了白色，层次分明

②不同居住人群的床品选择方式

单身男性	◎适合表现冷峻的色彩，以冷色系以及黑、灰等无色系色彩为主，明度和纯度均较低 ◎也适合表现厚重的色彩，以暗色调及浊色调为主，能够表现力量感 ◎图案一般以几何造型、简练的直线条为主，简单而利落
单身女性	◎色相基本没有限制，即使是黑色、蓝色、灰色也可以使用 ◎需要注意色调的选择，避免过于深暗的色调及强对比 ◎适宜红色、粉色、紫色等代表强烈女性主义的色彩，同样应注意色相不宜过于暗淡、深重 ◎图案以花草纹最为常见，曲线、弧线等圆润的线条则能体现出女性的柔美 ◎材质上可以运用蕾丝、流苏来展现唯美、浪漫氛围
婚房	◎少不了红色床品，可采用面积、明暗、纯度上的对比活跃色彩气氛 ◎对于面积不大的新房，床品不适合浓重的颜色 ◎图案以心形、玫瑰花、Love 字样为多见，也常有新婚璧人的卡通图案
男孩	◎避免过于温柔的色调，可用代表男性的蓝色、灰色或中性的绿色为配色中心 ◎可根据男孩年龄来搭配布艺色彩。年纪小一些的男孩，适合清爽、淡雅、丰富、活泼的色系；而处于青春期的男孩，会较排斥过于活泼的色彩，最好选择冷色及中性色 ◎床品可选用卡通、涂鸦等引起孩童的兴趣
女孩	◎床品色彩常用亮色调以及接近纯色调的色彩，如粉红、红色、橙色、高明度的黄色或棕黄色 ◎床品也会用到混搭色彩，达到丰富空间配色的目的 ◎配色不要杂乱，可选择一种色彩，通过明度对比，再结合一到两种同类色搭配 ◎图案上可采用七色花、麋鹿、花仙子、美少女等梦幻图案或卡通图案，营造童话气息
老人	◎床品应使用色调不太暗沉的温暖色彩，表现亲近、祥和的感觉 ◎红、橙等高纯度且易使人兴奋的色彩应避免使用 ◎在柔和的前提下，也可使用一些对比色来增添层次感和活跃度 ◎床品应避免繁复图案，以简洁线条和带有时代特征的图案为主

6 装饰画的摆场、陈列形式

装饰画尺寸和画面内容的选择，住宅空间和商业空间区别较大。一般来说住宅空间的装饰画尺寸通常根据墙面大小来确定，商业空间的装饰画尺寸则更加自由，往往强调视觉感。而由于装饰画的题材内容多样，应根据空间氛围和风格加以区分。悬挂方式上两者基本相似，常见单幅挂法、双幅或三幅挂法，以及组合画挂法。

扩展知识

住宅空间装饰画尺寸的选择方法：通常来说，装饰画所占据的面积不宜超过墙面面积的 2/3。若空间面积达到 25 ~ 35m²，可以挂置一幅面积较大的装饰画，尺寸以 60cm × 80cm 左右为宜，也可以选择尺寸更大的装饰画，营造一种宽阔、开放的视觉环境。当空间面积为 18 ~ 25m² 时，可选择中型挂画，显得比较大方，也可以选择多挂几幅尺寸略小的装饰画作为点缀。

①装饰画的悬挂方式

单幅挂法：画幅以方形居多，尺寸多在 600mm × 600mm 及以上，主要起点睛作用。适用于玄关、阳台、休闲区一角，以及单面墙等需要营造视觉焦点的区域。

▲ 单幅悬挂的形式，容易形成视觉焦点

双幅或三幅挂法：又叫双联或三联挂画，常用尺寸为 500mm × 700mm。经常以“X”水平均衡的挂法出现在空间中，但挂法形式不限于某一种，即使装饰画尺寸和水平线都不在常规范围中，也能很好地呈现主题。需要注意的是，搭配时画作的内容和色系应选择同一系列。适用于客厅、餐厅等面积较大的空间。

▲ 常规挂法

▲ 非常规挂法

组合画挂法：三幅及以上的装饰画组合，常以上“X”水平线组合、下“X”水平线组合，或是矩阵组合形式出现在空间中，多用于走廊、楼梯、单面照片墙等区域。

▲ 多样化的组合画悬挂方式

②装饰画悬挂的高度和比例

视觉参照：装饰画的高度以成人的视觉高度为参照。一般来说，成人的视觉基本高度在 1.35~1.6m 之间，因此装饰画画面的中心高度基本也是这样的范围。而装饰画的比例大小则需要根据现场空间尺寸和家具尺寸来定。

家具参照：如层高是 2800mm 的空间，沙发背靠高度是 860mm，挂画间距沙发背靠 300mm；可选择单幅、双幅或组合形式的挂画，尺寸 600mm×600mm~800mm×800mm 之间大小。需要注意，装饰画的画面中心位置始终保持在视觉中心点高度。

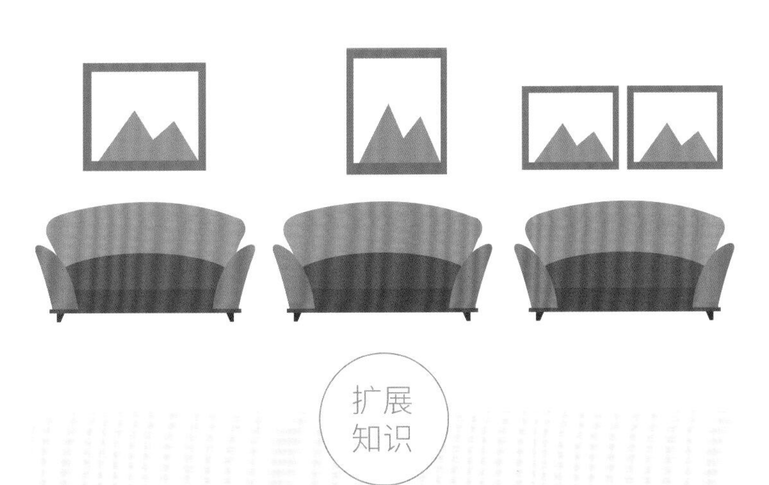

扩展知识

悬挂装饰画的流程：首先以空间墙面、家具为参照物，根据画面的中心水平线保持在人的视觉中心确定高度；然后应保证家具的宽度尺寸＞所选装饰画的宽度；最后选择适当的搭配形式。

③装饰画的陈设原则

装饰画搭配最好选择同种风格：装饰画最好选择同种风格，在一个空间环境里形成一两个视觉点即可。如果同时要安排几幅画，必须考虑整体性，要求画面是同一艺术风格，画框是同一款式，或者相同的外框尺寸，使人们在视觉上不会感到凌乱。也可以偶尔使用一两幅风格截然不同的装饰画做点缀，但如果装饰画特别显眼，同时风格十分独特，最好按其风格来搭配家具、靠垫等。

装饰画色彩应与室内主色调相协调：装饰画色彩要与室内主色调相协调，一般情况下，两者之间忌色彩对比过于强烈，也忌完全孤立，应做到色彩的有机呼应。例如，客厅装饰画可以沙发为中心，中性色和浅色沙发适合搭配暖色调装饰画，色彩鲜亮的沙发适合配以中性基调或相同、相近色系的装饰画。另外，若追求文雅感，装饰画宜选择与空间主色一致的颜色，画框和画面色彩差距也应小一些；若追求活泼感，装饰画可以选择与墙面或家具对比度大一些的类型。

▲ 装饰画的风格最好统一，色彩与家具有所呼应

扩展知识

装饰画色彩的提取方法：装饰画色彩通常分为两部分，一是边框色彩，一是画芯色彩。边框和画芯色彩应保证其中某一颜色和室内家具、地面或墙面颜色相协调，以达到和谐、舒适的视觉效果。最好的办法是装饰画的主色从主要家具中提取，而辅色从饰品中提取。

装饰画边框色彩的确定：若想要营造宁静、典雅的氛围，画框与画面使用同类色；若要产生跳跃的强烈对比，则使用互补色。另外，黑色画面搭配同色画框需适当留白，银色画框可以很好地柔化画作，使画面看起来更加温暖与浪漫。

④不同空间的装饰画应用

客厅	◎装饰画为横向时应与家具、背景墙协调，为纵向时应考虑与层高匹配 ◎装饰画的高度一般以 50 ~ 80cm 为佳，总长度不宜少于主体家具长度的 2/3，且略窄于主体家具 ◎如果空间高度在 3m 以上，可以选择尺寸较大的装饰画，以凸显装饰效果 ◎狭长客厅的墙面适合悬挂一幅或多幅组合的同样狭长的装饰画；方形墙面适合悬挂横幅、方形的装饰画
餐厅	◎尺寸一般不宜过大，以 60cm×60cm、60cm×90cm 为宜 ◎装饰画顶部距空间顶角线的距离为 60cm ~ 80cm，并保证挂画整体居于餐桌的中线位置 ◎适合选用暖色调装饰画，不宜选用过浓、偏暗色系的装饰画，以免影响就餐心情 ◎如果餐厅与客厅一体相通时，最好能与客厅装饰画连贯协调
卧室	◎高度尺寸一般在 50 ~ 80cm 之间 ◎长度根据墙面或者是主体家具的长度而定，不宜少于床长度的 2/3 ◎内容以简洁为主，题材过于杂乱的装饰画会吸引注意力，影响睡眠
儿童房	◎年龄低于 7 岁，装饰画可选择鲜艳、活泼的色彩，题材可选择生动的卡通、动物以及涂鸦作品等 ◎由于儿童房的空间一般都不大，选择小幅装饰画做点缀即可 ◎最好不要选择抽象类的后现代装饰画
书房	◎色调选择上要在柔和的基础上偏向冷色系，以营造出“静”的氛围 ◎装饰画构图应有强烈的层次感和远延拉伸感，在增大书房空间感的同时，也有助于缓解眼部疲劳 ◎可体现文化氛围，如现代感书房可选择镜框字画，而营造雅致、书香氛围则可以选择卷轴字画 ◎书画的横竖尺寸根据书房墙面高矮来定，偏矮墙面可挂横批字画，但一般挂竖轴较多
厨卫	◎厨房和卫浴的装饰容易让人有单调的感觉，适宜选择配色明快、活泼的装饰画 ◎厨房的油烟和潮气较大，材质宜选择易擦洗、易更换的玻璃画、喷绘画等类型，数量 1 ~ 2 幅即可
玄关、过道	◎属于家居中主要的交通空间，装饰画尺寸不宜过大，适合选择能反映家居主体风格的画面 ◎可以悬挂；如果有柜子或几案，也可以搭配花艺或工艺品组合摆放

▲ 装饰画的题材和色彩应根据具体空间氛围来选择

◀ 除了悬挂的方式，也可以将装饰画直接摆放在家具上，更具趣味性

7 装饰品的摆场、陈列形式

无论是住宅空间，还是商业空间，装饰品的摆放都十分注重营造和谐的韵律感，如通过并列、对称、平衡的摆放方法，打造空间视觉上的丰富性与多样性，同时也可以令装饰品成为空间视觉焦点的一部分。

▲ 饰品的层次错落有致，为空间带来韵律感

①装饰品的布置方式

摆放时要注意层次分明：摆放家居工艺饰品要遵循前小后大、层次分明的原则。例如，把小件饰品放在前排，大件装饰品放在后置位，可以更好地突出每个工艺品的特色。也可以尝试将工艺品斜放，这样的摆放形式比正放效果更佳。

同类风格的工艺品摆放在一起：家居工艺品摆放之前最好按照不同风格分类，再将同一类风格的饰品进行摆放。在同一件家具上，摆放的工艺品最好不要超过三种风格。如果是成套家具，则最好采用相同风格的工艺品，可以形成协调的居室环境。

▲ 工艺品的色彩分明，形成视觉冲击，但又不超过三种风格，就不会显得赘余、杂乱

扩展知识

工艺品与灯光相搭配更适合：工艺品摆设要注意照明问题，既可用背光或色块作背景，也利用射灯照明增强其展示效果。灯光颜色的不同，投射方向的变化，可以表现出工艺品不同特质。暖色光能表现柔美、温馨的感觉；玻璃、水晶制品选用冷色灯光，更能体现工艺品的晶莹剔透、纯净无瑕。

▲ 工艺品结合灯光设计，可以呈现更加多样化的层次感

②不同空间的装饰品应用

玄关	◎装饰品数量不宜过多，一两个高低错落摆放，形成三角构图，会显得别致巧妙
客厅	◎要遵循少而精的原则，与客厅总体格调相统一，突出客厅空间的主题意境 ◎切忌随意填充、堆砌，避免杂乱无章，在摆放时要注意大小、高低、疏密、色彩的搭配 ◎电视柜上可以摆放一些装饰品和相框，不要全部集中排列，稍微有点间距、前后层次，使这一区域变成悦目的小风景 ◎可将茶几面分为两格，然后将摆件物品分成两类放在相应位置上，形成简洁、有序的整体美感
餐厅	◎餐桌上可以摆放几个精致的酒杯、烛台、水果盘等，不会占用太多空间，却能令空间生动、活泼 ◎利用餐边柜摆放一些瓷盘、陶罐等工艺品，切忌喧宾夺主，杂乱无章
卧室	◎最好摆放柔软、体量小的工艺品作为装饰 ◎不宜在墙面上悬挂鹿头、牛头等兽类装饰，容易在半夜醒来时受到惊吓 ◎也不适宜摆放刀剑等利器装饰物，如果位置摆放不当，会带来一定的安全隐患
书房	◎应体现端庄、清雅的文化气质和风格。文房四宝和古玩能够很好地凸显书房韵味 ◎在现代风格的书房中，可以布置摆放抽象工艺品，匹配书房的雅致风格

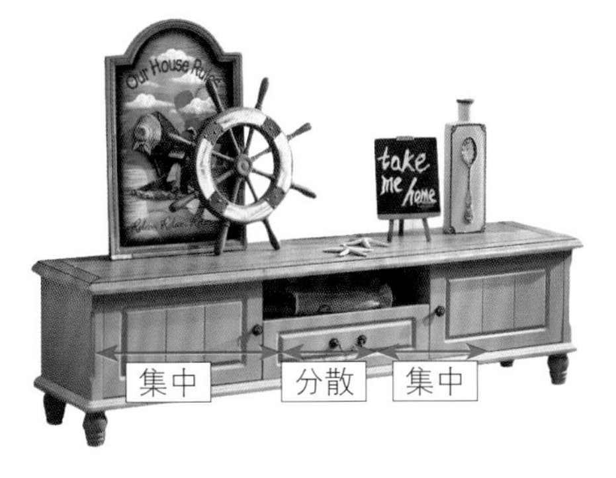

▲ 集中→分散→集中式摆放

▲ 均衡对称式摆放

8 花艺的摆场、陈列形式

花艺在摆场的过程中，除了造型上需要和整体空间环境相适宜之外，色彩的协调搭配则更加重要。例如，若空间环境色较深，花艺色彩以选择淡雅为宜；若空间环境色简洁明亮，花艺色彩则可以用得浓郁、鲜艳一些。另外，花艺色彩还可以根据季节变化加以运用，最简单的方法为使用当季花卉作为主花材。

①花艺的色彩搭配方法

花材与花材之间的配色要和谐：一种色彩的花材，色彩较容易处理，只要用相宜的绿色材料相衬托即可；而涉及两三种花色则须对各色花材审慎处理，应注意色彩的重量感和体量感。色彩的重量感主要取决于明度，明度高者显得轻，明度低者显得重。正确运用色彩的重量感，可使色彩关系平衡和稳定。例如，在插花的上部用轻色，下部用重色，或是体积小的花体用重色，体积大的花体用轻色。

花材与花器的配色可对比、可调和：花材与容器之间的色彩搭配主要以两方面进行：一是采用对比色组合；二是采用调和色组合。对比配色有明度对比、色相对比、冷暖对比等，可以增添居室的活力。运用调和色来处理花材与器皿的关系，能使人产生轻松、舒适感，方法是采用色相相同而深浅不同的颜色处理花与器的色彩关系，也可采用同类色和近似色。

▲ 花材下部为重色，上部为轻色

▲ 小体积花材为重色，大体积花材为轻色

▲ 花材与花器的调和色组合

▲ 花材与花器的对比色组合

②不同空间的花艺应用

玄关	◎主要摆放位置为鞋柜或玄关柜、几案上方，高度应与人的水平视线等高 ◎主要展示的应为花艺正面，建议采用扁平的造型形式 ◎花艺和花器的颜色根据玄关风格选择协调即可
客厅	◎根据风格以热烈、花团簇拥的视觉效果为宜 ◎茶几、边桌、电视柜等地方都可以用花艺做装饰 ◎需要注意的是，客厅茶几上的花艺不宜过高
餐厅	◎色彩以暖色为主，能够提升食欲，气味宜淡雅或无香味，以免影响味觉 ◎花艺高度不宜过高，不要超过对坐人的水平视线 ◎圆形餐桌可以将花艺放在正中央，长方形的餐桌可以水平方向摆放
卧室	◎不宜摆放鲜花，如果实在需要，可在床头柜上摆放一束薰衣草干花，具有安神，促进睡眠的效果 ◎花材色彩不宜过多，1~3 种即可
书房	◎适合摆放的花艺和卧室类似，不宜选择色彩过于艳丽，花型过于繁杂、硕大的花材，以免产生拥挤、压抑的感觉 ◎布置时可以采用“点状装饰法”，即在适当的地方摆置精致、小巧的花艺装饰，起到点缀、强化的效果
厨卫	◎这两个空间通常面积都不会很大，花艺适合摆放在窗台、橱柜台面、面盆及浴缸台面等处 ◎不宜太过高大，以免妨碍日常操作 ◎色彩、造型宜与整体相协调

▲ 家具和装饰画的色彩较重，色彩清雅的花艺搭配玻璃花瓶，可提升空间的通透感

▲ 线形装饰花艺在中式风格的书房中，凸显出清奇的空间韵味

五、软装摆场的最后调场

由于软装物品的种类繁多，为避免出现不必要的损失，对项目的把控应该在一边摆场时就一边及时进行调场。另外，在将所有产品摆放完成之后，还需要对整个现场进行一次全面调整，一是做好查漏补缺，补充一些必要物品；二是根据甲方需要调整直至对方满意。

1 软装摆场时的调场

软装摆场时的调场是软装设计师自行做调整，此阶段一般不涉及甲方。软装设计师按照原方案进行摆放之后，根据现场的实际情况可以对不理想的陈设、摆件挂画进行调整。若要减少摆场时的大量调场工作，最重要的是预先将摆场工作做到位。

品类	常见问题	解决方案
窗帘	到了现场才发现窗帘尺寸过长或过短	量完尺寸后核对和布艺设计师以及厂家的尺寸是否一致，若存在误差事先提出来，并要求厂家重新测量
灯具与家具	摆完家具之后发现灯具的中心点和家具的中心点无法对上	应提前在量灯线尺寸时将每个区域的家具尺寸一一对应，由于吊顶再改线、挖孔不现实，可以尽量将灯座和家具向同一中心点稍做移动进行补救
装饰画	安装过高或过低，画幅之间的距离过近或过远	挂画时要先比试好位置，组画可以先在地面上试摆再挂，同时用水平尺和卷尺核测定位

品类	常见问题	解决方案
床品	单独选择被芯与被套尺寸不符	单独选择被芯与被套时，一定要确认被芯与被套的尺寸以及被芯的厚度是否符合季节要求（样板间可以不需要符合季节要求，但是一定要有饱满感，不能软塌塌的影响美观）
抱枕	摆场之后觉得美观度不够，视觉表现略差	摆场时可以根据抱枕的数量做不同的陈列构图调试，直至找到最佳的构图效果，同时要确定抱枕上的图案没有放置颠倒
装饰品	大部分软装设计师在制作方案时更注重整体效果，对饰品有所忽视，因此在摆场时，会出现区域位置空置的现象	首先，应多熟悉项目现场，需格外注意整体柜、层架等，且要量尺拍照；同时针对平面布置图和家具尺寸图多思考，根据台面尺寸考虑摆放饰品的数量，以及考虑构图形式和色彩、材质的搭配等。如果摆场时才发现由于饰品不足导致台面太空，则需要重新挑选、采买，因此一定要在签合同时预留 3~5 天的调场时间

2 软装摆场完的调场

摆场完的调场指对后续工作的验收、收尾处理，需要列表写出每个空间对应的问题、解决方案、解决时间以及由谁解决等。另外，还要根据甲方对现场提出的问题进行更改调整，此类调整一般是由于现场摆放的产品不够丰富，或产品档次达不到甲方要求等，需要重新按照甲方要求进行产品采购。有时甲方还会要求新增加产品，要记得在结算时另行计费。

备注：软装摆场最后的调整对整个项目现场的效果呈现很重要。对于在这个过程当中甲方提出的修改意见，软装设计师要进行分析，了解甲方真正意图。

品类	常见问题	解决方案	相关人员	解决时间
家具	家具的漆面发生磕碰、刮破现象	尽量用修复笔修复，也可拍照协调当地家具修补人员进行现场修补；若破损严重需联系厂家返修		
	家具四角不平稳	检查家具的护钉是否已取出，或请安装人员现场处理解决，如对家具支脚做打磨处理		
	床垫尺寸与床不符	将床的尺寸量尺后重新定制床垫（尽量选择改动成本小、时间效率高的）		
	椅子出现松动现象	首先检查是否未取出脚钉，再检查是否有配件未拧紧的情况，最后请安装人员现场解决		
灯具	灯光光源或配件破损	第一时间拍照发至厂家补发		
	光源色不一致或不正确	直接请安装人员当地购买，当天解决		
	缺少光源	当地当天采买解决		
	因螺丝部件未拧好，灯具出现松动摇晃现象	请安装人员现场解决，并一起检查是否还有其他螺丝松动		
布艺	窗帘轨道螺丝未拧紧	请安装人员现场解决，并一起检查是否还有其他螺丝松动，必要的话需要轨道再次加固		
	窗帘挂钩卡位有误，导致不能拉合，且出现漏光现象	请安装人员重新调节挂钩卡位，直至能拉合并不再漏光		

品类	常见问题	解决方案	相关人员	解决时间
布艺	窗帘未做遮光布，透光严重 窗帘褶皱严重无垂感	透光问题一定需要发厂重新加做遮光布；窗帘褶皱问题可用挂烫机现场解决，或请窗帘护理公司现场解决		
	绸缎类的窗帘材质出现勾丝等情况	如果勾丝不是特别明显可剪掉线头、熨烫；如果特别严重需发回厂家重新处理		
装饰画	配件不齐或者挂钩位置不正确	小配件一般安装人员都有，可请安装人员现场解决		
装饰品、花艺	装饰品少算漏算	摆完场列出少算漏算的装饰品，与采购沟通后第一时间补货		
	出现遗漏丢失、破损的情况	若时间允许可在发货前对照采购清单统一检查装饰品是否已装车；若到现场才发现遗失，则需查明原因，并第一时间重新补货		
	装饰品或花艺与空间或家具的尺寸不符	先检查是否可与其他区域的装饰品进行少量调换，实在不行只能与采购沟通后第一时间增补		

备注：针对以上摆场完成之后的常见问题，应尽量做到现场解决修复；若问题严重，则应积极与厂家协商解决；若有产品遗漏、丢失，则需要将数量、摆放位置及尺寸确认清楚，并报给采购部门向财务申请批款，重新下单采购。

六、软装调场后的验收、交接

软装调场之后进入到软装最后一个工作流程：验收及交接。在这个环节中，需要软装设计师耐心且细致。

1 制作项目验收清单

验收前首先需要制作项目验收清单，清单上需要有每个区域位置对应的产品实景摆设图片，以及数量、单位、尺寸和备注。

2 不同项目的交接工作

家装项目：在与家装项目的客户交接之前，软装设计师需要先自行检查一遍软装项目，以及所涉及的软装产品，检查确认无误之后，再与客户进行交接。

地产项目：地产项目在交接时涉及的部门较多，一般参与交接的有物业部、营销部、财务部、行政部、甲方设计部、总经办等职能部门，且这些部门通常会同时进行交接。在项目交接前，要准备好与交接部门数量相等的验收清单。另外，由于一些非设计类的职能部门对项目现场并不熟悉，因此需要按照清单表中的空间顺序进行交接，避免在不同空间来回走动造成的交接混乱、遗漏。

工装项目：工装项目的交接工作相对比较简单，一般由行政部和总经办共同进行交接，交接时同样需要提前准备好相应数量的验收清单。

3 对项目进行拍照、留档

拍照是对整个项目完成后的最终呈现，一定要选择有经验的摄影师进行项目拍摄。有经验的摄影师会在现场对装饰品的摆放位置，与软装设计师沟通并进行微调，呈现出最佳的构图效果，拍摄出美观的作品。

最后将拍摄作品留档，整个软装项目完成。

验收应按空间顺序进行：不论是家装项目、地产项目或是工装项目，交接时都需要按照交接清单上的空间顺序进行。同一个空间中所有的软装产品应一次性交接完毕，如发现有数量对不上或漏记产品的情况，应直接在清单上改正。

清单图片应为调场后的图片：验收清单表中的图片一定是现场已经摆放完毕的图片，可以使整个项目更加清楚、明了。

与甲方负责人共同验收项目：甲方项目负责人和软装设计师应在现场对整个项目进行验收，并在完成的相应部分一一打勾确认。最后在每个产品项目类别中签字，标注好日期；清单应一式两份，以方便甲方后期核对。

扫二维码

获取《软装项目验收清单》模板

第七章

软装设计案例

通过借鉴成熟的软装设计案例，可以学习软装搭配的思路，而借鉴软装搭配的手法，是高效提升自身专业技能的方法。

动与静

设计特点： 现代 · 极简

设计公司： 福州东形西见室内设计有限公司

设计说明： 设计从把控力的均衡上给人以稳定的心理感受，硬装设计干净明亮，软装则贯彻现代极简主义的原则，整个空间在协调中寻求冲突，在微妙的反差中获得鲜明的互补平衡。空间中的变调是色彩引发的视觉体验，颜色合而不同，中性灰作为过渡的中间色不偏不倚，其他色彩在它的衬映下呈现出最本质的面貌，一切都显得那么自然而然。

本次软装设计解构流行与文化，突破风格界限，带着自我意识对人文的理解，重新审视陈设艺术与生活百态。

空间上以极简的形式美、木质天然的肌理触感、简单的颜色变化构造出清晰的轮廓，纯粹的材质成为空间的美学载体，伴生出优雅的气质。

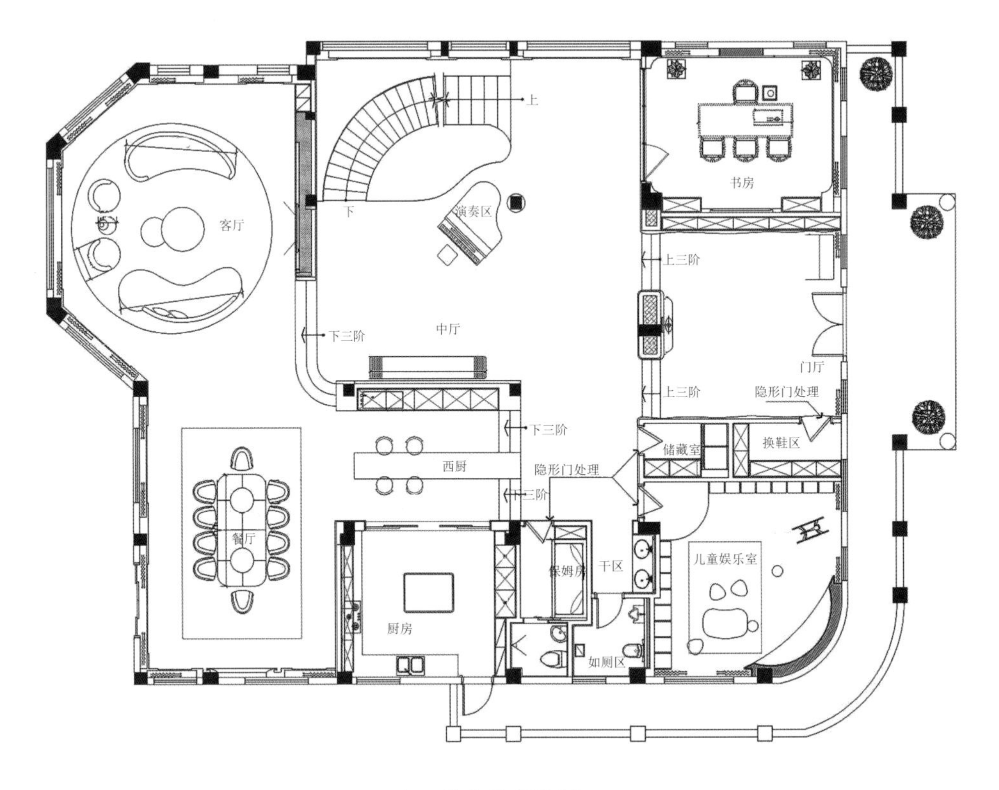

▲一层平面布置图

门厅

▲ 由大理石及木饰面组成的纯净、极简空间，带来开阔的视野。地面纹样与大理石花纹带来的视觉变化，使整个空间有了灵动之美

中厅及楼梯

▲ 中厅摆设的陈列品撷取温柔醇厚的摩卡棕为主调，加之抽象元素的独到运用而新意倍出，不同于寻常的刻板印象，将艺术渗透进生活，散发迷人的微醺美感

▲ 楼梯空间富有节奏及韵律，大方高级的配色与温柔细腻的质感所构建出的时尚调性，带来不一样的俏皮气息，象征孩童纯洁无瑕的生命力

客厅

▶ 整个空间通过简约、沉稳、大气的黑白灰经典色调层次性划分，交织着光影的律动。

餐厅和吧台

▲ 餐厅吊顶中的“圆”，与长桌中的“方”构成天圆地方的思想意境，加之座椅圆润的弧线与墙地面利落的线条，整体空间通过线条与形状的对比，变化无穷

▲ 餐厅旁侧的吧台从配色到选材均简洁、优雅，利落的线条诠释出空间井然有序的设计精髓。可调节高度的吧台椅方便不同人群的使用，充分体现物为人用的设计理念

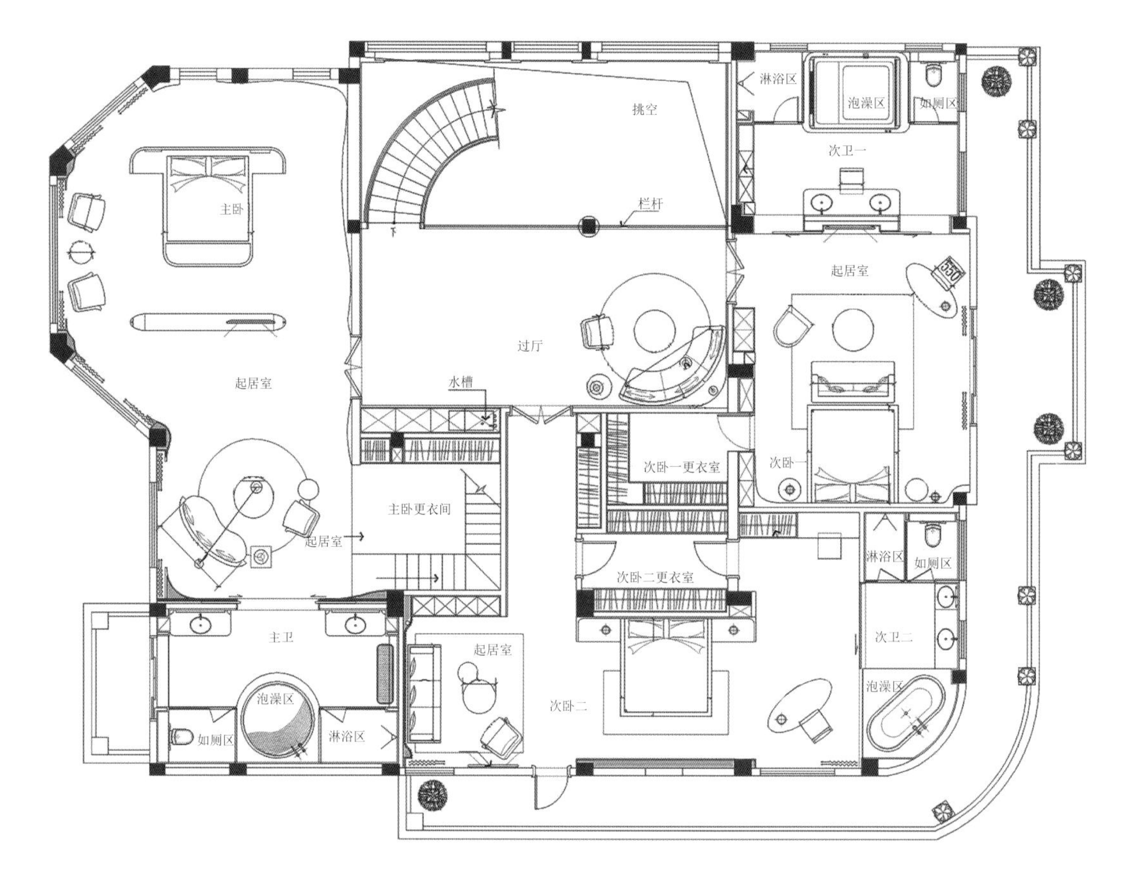

▲二层平面布置图

主卧

▲ 宽阔的床头仿若母亲的怀抱，给人带来安全感；空间从整体到局部的配色均素雅、舒适，处处显露心思的设计将主卧品质与格调完美结合在一起

起居室

▲ 主卧一侧的起居室透露着低调的品质感，造型十足的红色沙发打破了整个空间的寂静，带来的视觉冲击仿若即将破晓的黎明

主卫

▲ 主卫从配色到选材均延续了主卧的基调，处处体现出精雕细琢的用心；双洗手盆的设置，以及淋浴区与泡澡区的分设，彰显细致、周到

次卧 1

◀ 次卧的蓝色墙面带来的静谧、自然氛围，如一股清泉缓缓流淌在空间之中；家具的色彩在低调中透露出高级感，整个空间弥漫着绅士气息

次卧 2

▲ 卧室一侧的休闲区利用装饰画中的蓝色以及座椅的红色形成视觉对比，为原本配色沉稳的居室带来色彩上的变化

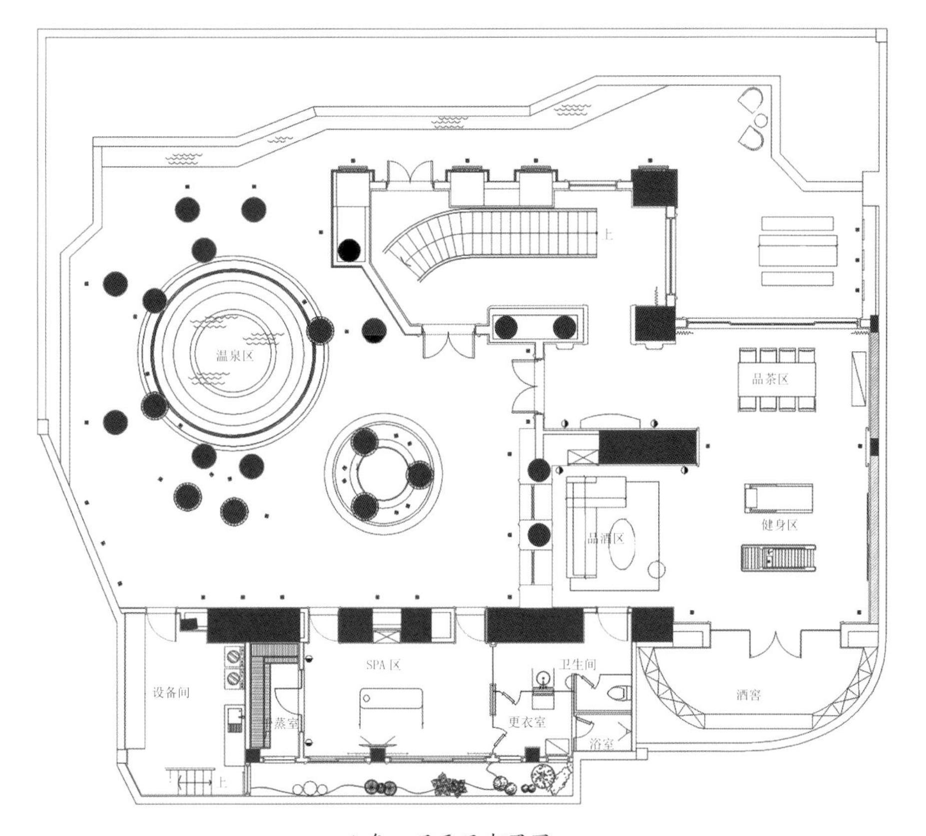

▲负一层平面布置图

休闲空间

▲ 大面积的黑色空间带来沉稳的视觉感受，但通过色彩明度上的渐变改善了黑色所带来的压抑，造型感十足的家具延续了整体空间的艺术调性

设计师与安居

设计特点：现代 · 时尚 · 混搭

设计公司：力设计机构

设计说明：整体设计以简洁、干净、大气为原则，部分主装饰墙面通过小面积规则与不规则的凌乱来打破空间整体感，使其保持另类的美感。色彩上因每个空间的功能使用以及主人喜好略有不同，这是来自个人对于居家的理解以及经认可的审美气质。

本次软装设计中的主要产品多选用国际奢侈品经典款，为家带来精致有趣的触感体验。

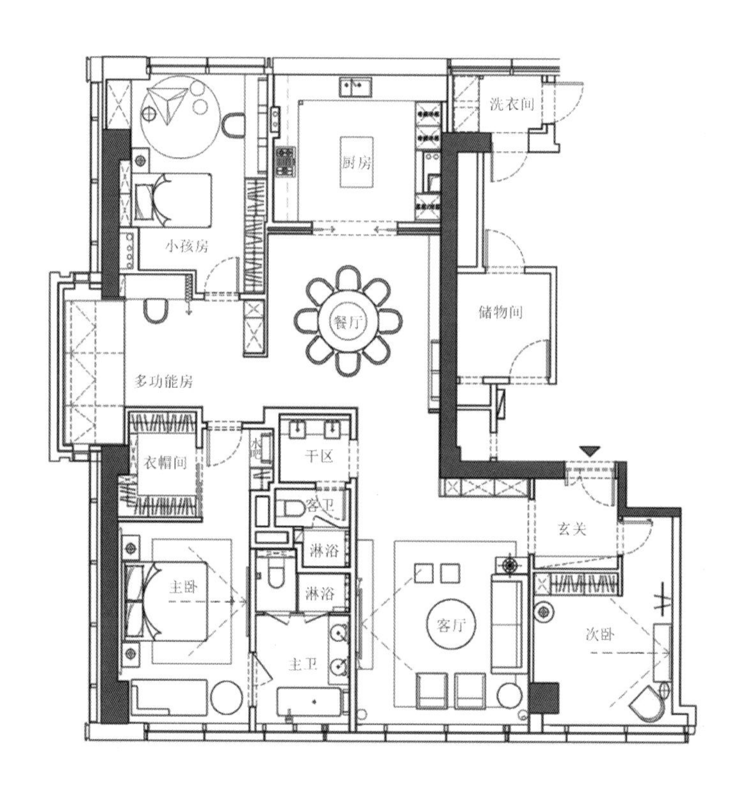

▲平面布置图

玄关

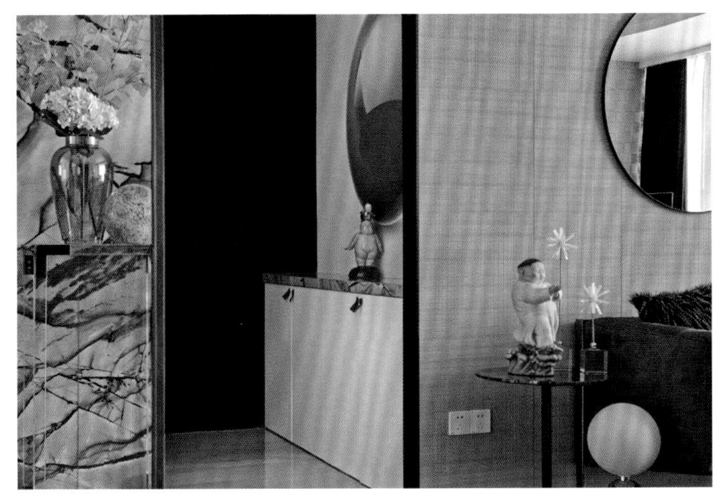

▲ 玄关的定制鞋柜既充分利用了空间，且整洁利落的造型也十分节约空间。大理石台面与客厅一部分背景墙相呼应，既有视觉统一，又令玄关小空间充满了变化

客厅

▲ 客厅硬装极为简单，并无多余造型修饰，立体感的墙纸和花纹奇特的大理石是唯一的亮点，整个客厅的重点凸显在家具及装饰品的品质上

▲ 黄色扶手椅是空间中的“不安分”元素，造型舒展，仿佛向人张开双手发出邀请，落座瞬间，又被一种温暖环抱，充分体现自己独立私密小天地的感受

▲ 从沙发到茶几，再到装饰柜，客厅中的家具处处彰现着独有气质，为原本素颜的空间抹上了一抹精致的妆容

餐厅

▲ 餐厅是家人团聚时交流谈心、共进美食的区域，男主人对鱼情有独钟，因此在餐厅墙面上“游戏”着各式各样的小金鱼，而餐厅上方的吊灯和鱼儿嬉戏的场景相得益彰

厨房

▲ 明亮的窗户与白色定制橱柜共同带来令人心情舒畅的烹饪环境；黑色的备餐台增强了整体空间的稳定性，搭配的透明座椅则在整体简洁的空间中流露出时尚感

主卧

▶ 主卧以黑色为背景，采用了不锈钢、大理石和玻璃材质。而电动窗帘、感应照明设备等更是为每日清晨的唤醒蒙上了一层浪漫和舒心的面纱

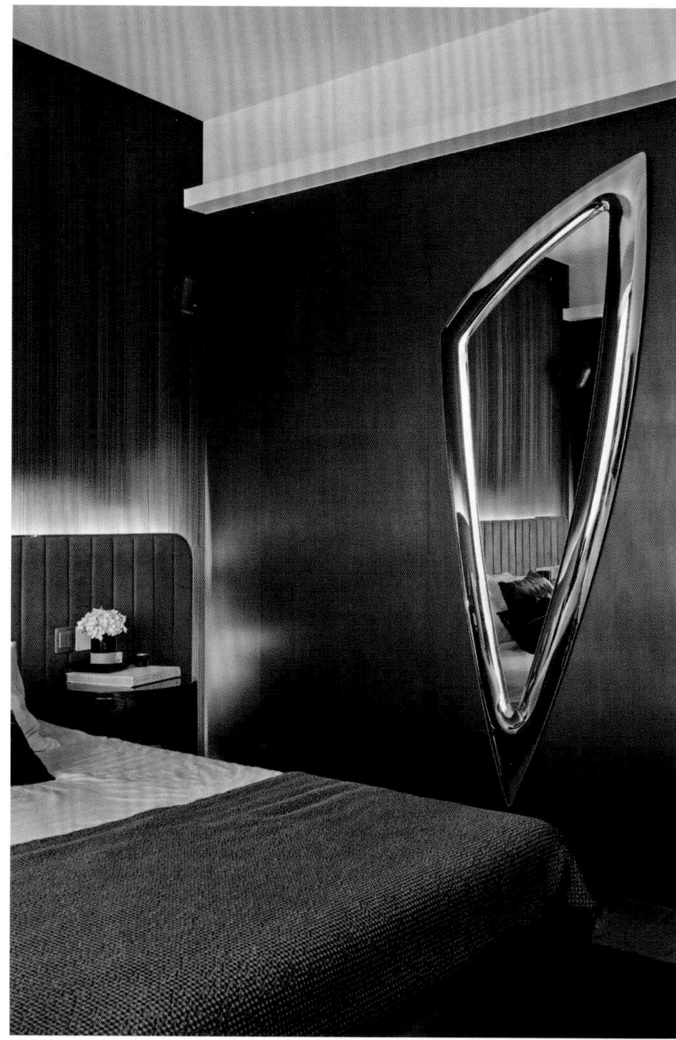

主卫

▲ 主卫延续了主卧的配色，简洁、利落的无色系带来高级感。边几上出现的羊头装饰，为空间增添了一丝野性之美

儿童房

▲ 儿童房以尊重孩子喜好为主，色调和场景选择皆由 9 岁的儿子自行决定，多彩的配色让孩子的每一天都充满乐趣

次卧

▲ 次卧中的榻榻米集收纳、睡卧功能为一体，实用性较强；背景墙上倒挂的蝙蝠图案为空间增添了几许另类，但与整体空间的融合度较高

生活小确幸

设计特点： 雅奢 · 精致 · 浪漫

设计公司： 木桃盒子室内设计

设计说明： 设计要仔细聆听业主的表达，生活的方式有很多种，但真正喜欢哪一种，应经充分交流后抽丝剥茧，有所取舍地呈现。根据风格定位，细节优化，材料选择进行合理的组合。

本案中网红等元素的融入并不影响设计和施工的严谨性，细节在一定程度上降低了INS风或轻奢风的程度，但使得人们的日常生活变得方便，且维护轻松、隐患少。

家不是网红店，是众多功能和细节的结合体，是主人放松心情、自由生活的场所。

▲平面布置图

客厅

▲ 客厅色彩选用灰粉和灰绿，基调统一的软装饰品呼应主题风格。较为网红的金属镀铜小手工砖、水磨石、天鹅绒、鱼骨拼地板等，配合弧形造型元素让整个空间显得明快且有品质

▲ 背景墙面的柜体通过和谐的配色搭配人物装饰画，形成艺术感；大体量的柜体设计解决了日常生活形成杂乱的可能性，令美感与实用完美统一

餐厅

▲ 餐厅以黑白灰为主要色调，用粉色的餐椅和黄色的装饰画来柔化空间的质感，增添餐厅空间的活泼度。餐边柜同时也兼具个性和美感，并呼应了电视柜的弧形元素

主卧

▲ 灰粉色和墨蓝色搭配出适合休憩的空间，同时又不失时尚感；将金属元素用在灯具、屏风、家具之中，增添了空间的精致感

老人房

▲ 根据老人的生活习惯，选用了两张单人床并排放置于老人房中；另外，无论是空间色彩，还是家具和布艺的配色均淡雅、舒适，充分满足了老人的个体需求

厨房

▲ 蓝白色的厨房令原本采光不足的空间有了一丝通透感，地面的拼花瓷砖则弱化了空间的狭长感，同时增添了视觉变化，不至于使空间显得过分单调

卫生间

▲ 增加了黄铜元素与复古墨绿色的斜拼小方砖为卫浴带来了活力与时尚，整体空间的设计手法得到了全程贯穿

蕴·东方

设计特点： 新中式 · 传统 · 韵味

设计公司： 深圳市昊泽空间设计有限公司

设计说明： 在此项目中，用设计回应人生逐渐趋于返璞归真的精英人群——现代的手法演绎传统的精神，自由穿行于东方与西方、传统和当下之间，缔造一个安置心灵的现代诗意居所。

设计时将传统的园林景致搬入庭院之中，在家也能与自然和平共处。整体室内空间中的装饰同样大量取材于自然，无论何时，都能感受到大自然馈赠的爱意。整个设计从内而外将富有感情的色彩、线条、创意、结构悄无声息地融合成一体，最终形成人与自然相融合的空间领域。

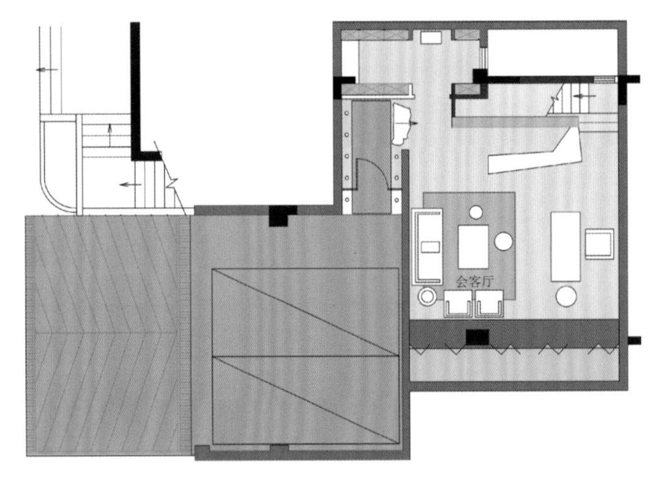

▲负一层平面布置图

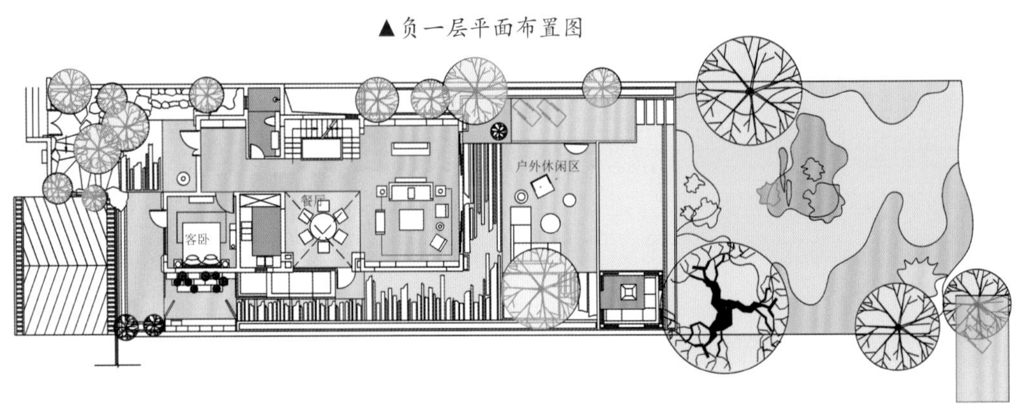

▲一层平面布置图

客厅

▲ 两面的书柜是香槟玉大理石和拉丝古铜的完美结合，装饰品精致，书籍琳琅满目，营造出一种书香门第的氛围。这样的设计也符合业主的学识和品位

▲ 客厅布局方正，开阔明亮，全景落地窗将景色最大限度地纳入空间，成为客厅中最抢眼的取景框。传统的案几，玲珑的太湖石，随处可见的龙纹图案等都在表达现代人对传统、对中国文化的理解与体会

餐厅

▲ 客餐厅空间讲究流动性，开放式的餐厅和客厅吧台都在表达着打破界限，增进家庭成员的交流和互动，寻求生活新方式的诉求。餐厅吊顶运用镜面，使空间无限延伸，倒映出蒲扇组合的艺术装置，仿佛是从天而降散落的花瓣，错落有致，别有一番趣味

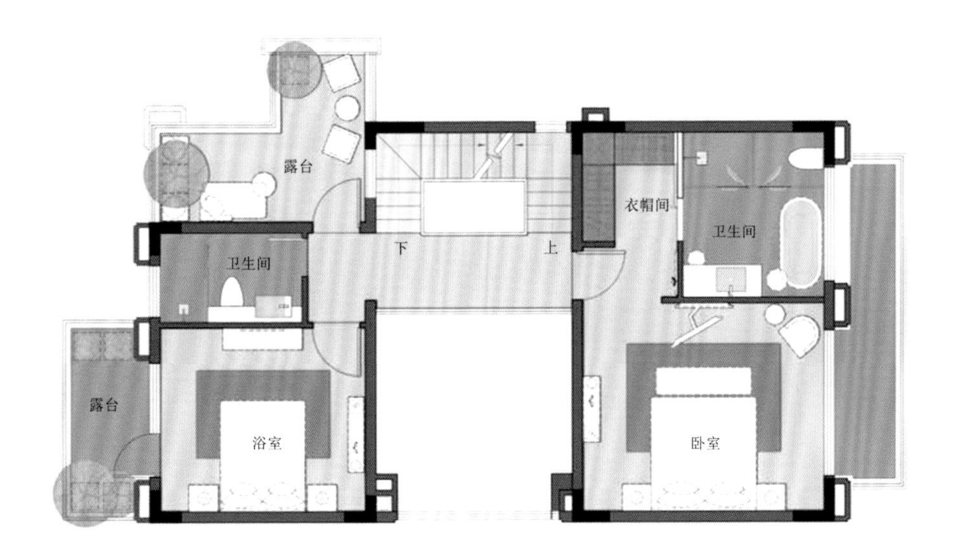

▲二层平面布置图

▲三层平面布置图

主卧

▲ 主卧延续整个空间的格调，背景墙是日本知名画家的金箔画，贵气十足。横扩扪皮床屏圆弧倒角处理，融入包裹感和当代功能性，用摩登手法和材质演绎当代中式韵味。台灯的造型取意于太湖石，别具一格

主卫

▲ 主卫做到了还原生态，返璞归真的状态。无论是铺在鹅卵石上的石板汀步，还是定制的整块自然石浴缸，都在把人从热闹繁忙的都市拉回自然之境

大都会世纪格调

设计特点：先锋 · 前卫

设计公司：MDO 木君建筑设计

设计说明：设计可以令人从平淡的日常环境穿越到特殊的感受和体验中，从一种心情跳跃到另一种心情。转变既可以是感官上的，也可以是情感上的。当你闻到某些气味，它也许会让你回忆童年，想起妈妈为你准备的早餐，在这一瞬间你就进入到了另一个时空。这个转换是通过光影的运用、大小规模的组合和不同材质的交错而达成的。通过图形、比例、线条、色彩、质感等介质，探索更多属于当代生活方式的表达。

设计师以极致、先锋、时尚的格调定义一个具有时代意识的顶级豪宅，运用现代设计语境，打破时空界限，赋予了空间自由的艺术之美，堪称当代设计的典范。

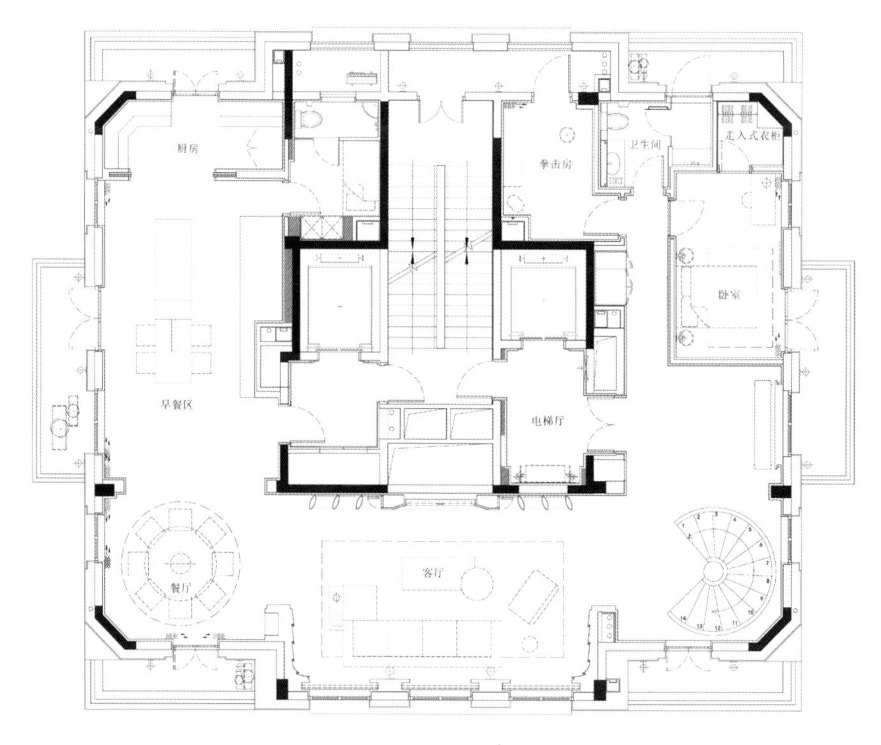

▲一层平面布置图

客厅

▲ 大量使用的玻璃、大理石、瓷砖等材质增强了空间的现代感，为了缓解无色系带来的冰冷感，设计师使用了暖色的辅助家具与装饰品等相对柔和的元素加以中和

▲ 地面渐变色度的地毯，在丰富空间的同时，不破坏空间的整体性，在强调现代感与艺术感的同时，也更多地保留了舒适感

◀ 6m 高的挑空客厅，采用现代优雅的设计格调，以极致的当代设计美学呈现。黑色布艺沙发配以造型利落的组合大理石茶几，营造的包围感之中，却被身旁几何立体切割造型的橙色皮革椅轻易打破，以其强势的骨架将极致的现代感注入整个空间，在理性与时髦兼具的风格下，彰显出大胆、前卫的艺术效果

餐厅

▲ 圆形餐桌带来的浑厚、黑金色带来的强烈视觉观感与餐椅营造的俊朗气质的搭配，融汇东西方文化

次卧 1

▲ 运用线条来营造某种平衡和设计感，搭配木制、金属与布艺的现代材质家具，以及像钻石般的切割曲线装饰画，使空间有一种自然和谐的美感

拳击房

▲ 充满视觉冲击力的黑白线条壁纸与整片镜面营造出的犀利幻境之中，深色调的真皮质感让人仿佛置身于 1930 年代的拳击俱乐部，法国斗牛犬形的音响让人联想到专业拳击者，诠释着 1930 年代的独有风情

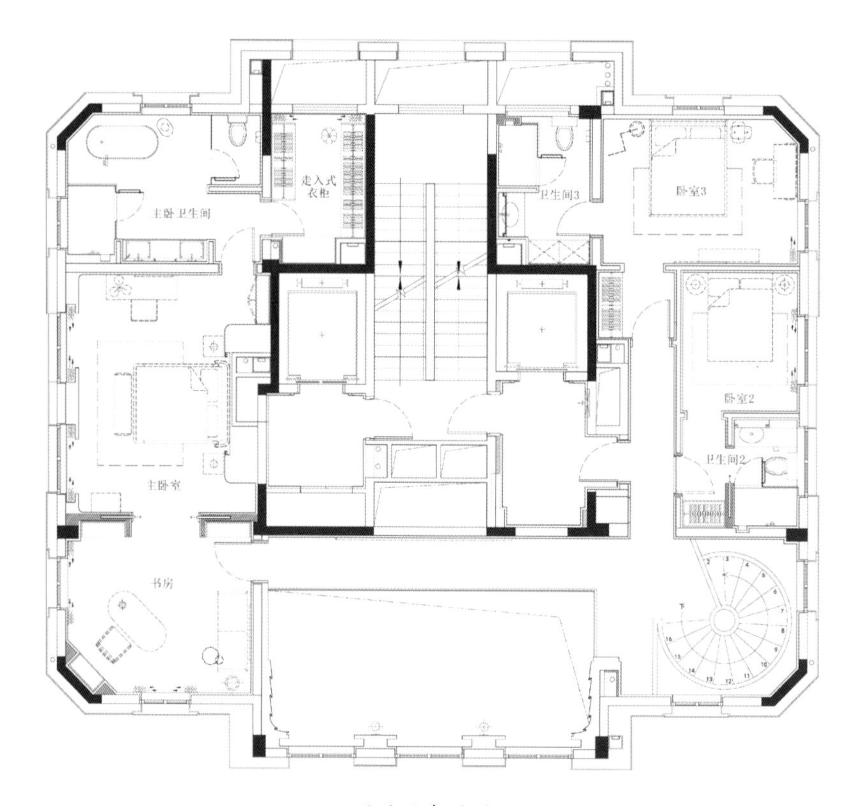

▲二层平面布置图

主卧

▲ 现代优雅的空间设计，素雅的基调，金色自然点缀，让每一个物件富有艺术灵性

书房

▲ 书房构建的是一个既可独处也能容纳交流的空间。极致简约的沙发充满灵性之美，细致的木质构造与现代优雅的造型设计宛若轻盈极致的艺术品，与金属大理石落地灯构成一个巧妙的艺术设计

▲ 在通透、柔软等视觉触感的交织下，来自于自然光的点缀营造出书房静谧、沉醉的氛围。各色材质之间的碰撞，划分出泾渭分明的区块，满足视觉享受的同时，也令书房的层次更加多样化

次卧 2

▲ 次卧与其相连的卫浴在材质和色彩上形成一体性，并通过海蓝色的点缀给予人以静谧和旷达的心情，唯一不同的是，主卧作为休憩的地方，在材质的选择上温和许多

旋转楼梯

▲ 位于中心的深木旋转楼梯，如同艺术装置般立于其中，流畅的弧线呼应着建筑结构，传递着安静、俊朗的空间气质

楼梯过道

▲ 楼梯过道的艺术装置品通过材质将空间区分，并用线条延伸视线，成为角落空间中引人注目的点睛之笔